Pocket Power

Gerd F. Kamiske

Prozessoptimierung mit Quality Engineering

HANSER

Inhalt

Quality Engineering im Überblick

WORUM GEHT ES BEI DIESEM POCKET POWER?

Die Optimierung eines Fertigungsprozesses fängt beim Konstrukteur des zu fertigenden Erzeugnisses an. Er ist Dreh- und Angelpunkt sowie Schaltstelle für Erfolg und Misserfolg in mehrfacher Hinsicht. Zum Ersten muss er die Wünsche oder gar Forderungen der Kunden erfüllen, mehr noch sollte er deren noch nicht geäußerte Erwartungen übertreffen. Zum Zweiten legt er weitgehend den Fertigungsprozess fest, die Machbarkeit in Bezug auf Einfachheit oder Kompliziertheit. Heute heißt das kurz und knapp Design for Manufacture DFM und Design for Assembly DFA (also konstruiert für eine günstige Fertigung bzw. Montage). Zum Dritten bestimmt er mit der Werkstoffauswahl einen großen Teil der Recyclingfähigkeit des abgenutzten Produktes sowie dessen Demontierbarkeit. Zum Vierten schließlich sind Zuverlässigkeit und Lebensdauer essentielle Merkmale, die über Gewährleistung und Garantie Kosten vermeiden oder verursachen, aber auch über Kundentreue und Firmenimage entscheiden.

Der Konstrukteur kann und muss mit vielerlei kollegialer Unterstützung rechnen. Da ist als Nächstes der Fertigungs- und Prüfplaner zu nennen. Er setzt die Vorstellungen des Konstrukteurs um. Dafür benötigt er Betriebsmittel, die den Aufgaben genügen, mit hoher Verfügbarkeit, und eine Betriebsorganisation, die kurze Materialdurchlaufzeiten gewährleistet. Fehlerfreie Fertigung möglichst ohne Zwischenlager mit Sicherheitsbeständen schließlich ist Aufgabe des Betriebsingenieurs in seiner Funktion als Process Owner zur Vermeidung von Verschwendung.

Beide Funktionen, Konstrukteur und Planer, verbindet der Zwang zu kurzfristiger Marktpräsenz, die Time to Market. Es würde zu lange dauern, wollte der Planer erst anfangen zu denken, sobald der Konstrukteur seine Arbeiten völlig abgeschlossen hat. Überlapptes bzw. simultanes Schaffen ist angesagt, das Simultaneous Engineering. Nicht die Hand vorhalten, sondern offene Kommunikation hilft beiden weiter.

Ohnehin hat ein geordneter Entwicklungsprozess Tore zu durchschreiten, an denen Qualitätscontroller den erreichten Stand mit dem Geplanten abgleichen – die Quality Gates. Die Zuständigen für den Prozess tun gut daran, sich auf systematisierende Hilfsmittel zu einigen, z.B. die Fehlermöglichkeits- und -einflussanalyse FMEA, und diese im Team mit weiteren Kollegen durchzuführen. Der vom Marketing kann beurteilen, ob der Kundenwunsch erfüllt wurde, der vom Controlling, ob die Kosten stimmen, der von der Fertigung, ob nicht alles bei ihm hängen bleibt, und der vom Qualitätswesen, ob die Kommunikation bereichsübergreifend und ohne Ressentiments im Interesse der Kunden und damit des Unternehmens geführt wurde. Welch ein Vorteil, hierüber während und nicht erst am Ende der Entwicklung Klarheit zu haben. Welch persönliche Überwindung und Souveränität gehört aber auch dazu, Einwände als konstruktiv zu empfinden und nicht als unliebsame Meckerei.

Gleiches setzt sich nun fort in der Wertschöpfungskette mit der FMEA bezüglich der geplanten Fertigung. Die Federführung geht zum Planer über.

Beim Fertiger genügt die FMEA nicht mehr. Bei ihm zählt die Prozessfähigkeit. Bei ihm sind Fehler ggf. weniger möglich als vielmehr real. Welches sind die Ursachen und wie stelle ich sie ab? Die berühmten Q7 in Verbindung mit Qualitätszirkeln und die Versuchsplanungsmethoden, die Shainin zusammengestellt hat, DoE nach Shainin, bieten sich ihm in schwierigen Fällen an.

Jeder Schritt wird gegliedert durch:

- Worum geht es?
- Was bringt es?
- Wie gehe ich vor?

und abgeschlossen mit Hinweisen auf Hürden und Hindernisse  sowie Tipps .

Führen mit Qualitätstechniken

Führen mit Qualität verlangt auch eine Erweiterung des technischen Rüstzeugs. Zusätzlich zu den bewährten, schon klassisch zu nennenden Qualitätstechniken gibt es zu jeder Entwicklungsstufe entlang der Wertschöpfungskette mindestens eine weitere mit der Fokussierung auf die Verringerung bzw. gar Vermeidung von Fehlern. Der besondere Wert dieser Techniken liegt in der Durchstrukturierung der Gedankengänge und Formalisierung der Dokumentation und, mit wenigen Ausnahmen, in der Bearbeitung im Fachkollegenteam, um auf diese Weise das Firmen-Know-how zu nutzen. Jede Fachkraft braucht dabei nur die Technik zu beherrschen, die in ihr Aufgabengebiet fällt.

Die Führungskraft muss natürlich alle diese Techniken mit ihren Potentialen kennen, um zielgerichtet die Schulung ihrer Mitarbeiter veranlassen zu können.

Die Herausforderung an die Aufnahmefähigkeit ist, großes Interesse vorausgesetzt, nicht groß, verglichen mit den ohnehin vorhandenen Fachkenntnissen. Eine Führungskraft allerdings, die den erforderlichen Gestaltungswillen nicht mehr aufbringt, verdient diese Bezeichnung wohl nicht. Die Kardinalfrage für jede Führungskraft, angefangen in der Unternehmensleitung, ist es, die mentalen Hierarchien und Sperren abzubauen und auch nicht den Fluchtweg der Überbeschäftigung oder den der Konzentration auf Sachaufgaben zu beschreiten.

Führung bedeutet, wohl überlegte Strategien gegen innere und äußere Kritik durchzusetzen. Damit sind wir bei der nächsten Führungsaufgabe, nachdem der richtige Mitarbeiter/die Mitarbeiterin die ihn/sie betreffende Zusatzqualifikation erhalten hat. Sehen wir die Qualifizierung als Investition, so kann sie sich nur rechnen, wenn sie auch eingesetzt wird. Das beste Mittel, die Anwendung durchzusetzen, ist damit gegeben, dass sich der Vorgesetzte für die Ergebnisse aus der Anwendung interessiert oder besser noch, die Ergebnisse zur Grundlage seiner Entscheidungen macht, damit also führt. Führen mit Qualität heißt in diesem Sinne:

- die Qualitätsplanung mit dem Wettbewerbsvergleich unter Zuhilfenahme des House of Quality/Quality Function Deployment bewusst und transparent zu machen,
- die Konstruktionsfreigabe von der Höhe der Risikoprioritätszahl der Fehlermöglichkeits- und -einflussanalyse abhängig zu machen,
- die Güte der Fertigungsplanung sowie der Produktion mit dem Maschinen- und Prozessfähigkeitsindex zu beurteilen,
- die An- und Auslieferungsqualität mit dem kundenbezogenen Produktaudit zu messen und schließlich
- das eigene Unternehmen und die Lieferanten dem Systemaudit zu unterziehen.

Der Prozess ständiger Verbesserungen, aber auch der Rückschritt lassen sich auf diese Weise messen. Die Regelkreise sind klein, es kann unmittelbar gestaltend eingegriffen werden.

Qualitätsorientiertes Kostenmanagement

Das obere Management bevorzugt die Sprache des Geldes. Darauf wies Juran hin und erklärte damit vielen Qualitätsleitern, warum ihre Fehlerstatistiken, sozusagen als Ersatzwährung der Geschäftsleitung angeboten, so wenig bewirkten. Führen mit Qualität stellt auch die Herausforderung dar, das Qualitätsgeschehen in Kosten ausdrücken zu können, die unmittelbar Eingang finden in betriebswirtschaftliche Überlegungen. Mehr noch, unter dem konsequenten Anspruch der Qualitätsführerschaft ist die Dominanz der Qualität, in ihrer weiten Bedeutung, in der Kostenrechnung erforderlich.

WORUM GEHT ES?

Phasen der Produktentwicklung

1. **Marktanalyse:** Definition der Kundenforderungen
2. **Produktplanung:** Bestimmung eines Produktkonzeptes
3. **Design und Konstruktion:** Prototyp und Detailoptimierung
4. **Prozessplanung:** Bestimmung des Fertigungskonzeptes
5. **Fertigungsplanung:** Planung und Realisierung der Fertigungsanlagen

Ziele der Produktentwicklung zur Erfüllung der Kundenforderungen

1. Hohe Qualität Q↑
2. Geringe Kosten €↓
3. Kurze Entwicklungszeiten E↓
4. Kurze Lieferzeiten L↓

WAS BRINGT ES?

In der vorhergehenden Übersicht ist vieles bereits angeklungen. Die gemeinsame Anwendung von Qualitätstechniken verbessert die Kommunikation untereinander und systematisiert sie. So verkürzt Simultaneous Engineering die Time to Market, die Zeit bis zur Markteinführung, und erlaubt einen Wettbewerbsvorsprung. Ein sicherer Fertigungsprozess vermeidet Ausschuss und Nacharbeit, verringert damit Personal- und Betriebsmittelkosten. Ökologische Vorteile sind durch die Material- und Energieschonung entstanden. Schlanke Produktion bei hoher Betriebsmittelverfügbarkeit, kaum Zwischenlager für Halbzeuge und ggf. Just-in-Time-Belieferung bringen kurze Durchlaufzeiten.

Vorteile, wohin man schaut, für den konsequenten und beharrlichen Quality Engineer.

WIE GEHE ICH VOR?

Das soll im Einzelnen in den folgenden sieben Kapiteln dargelegt werden. Quality Engineering ist der gemeinsame Nenner aller Kernprozesse, die teilweise überlappt ablaufen.

- Produkt(qualität) planen
- Produkt entwickeln
- Prozessfähigkeit planen
- Start of Production
- Prozess statistisch regeln
- Problemlösungskapazität schaffen
- Prozess analysieren

1 Produkt(qualität) planen

WORUM GEHT ES?

Aufgrund der Wettbewerbssituation sehen sich die Hersteller mit wachsenden Kundenanforderungen konfrontiert. Für Verbrauchsgüter sind zudem die Konsumenten heute durch Institutionen wie die Verbraucherschutzverbände oder die Stiftung Warentest aufgeklärter und präziser informiert.

Für die Erfüllung von Kundenforderungen ist daher das Bewusstsein erforderlich, dass Qualität gezielt und methodisch-systematisch geplant und durchgesetzt werden muss. Die zentrale Problemstellung ergibt sich bei der Frage, wie die vom Kunden z. T. emotional bestimmte Qualitätsvorstellung in die Qualitätsplanung der Produkte umgesetzt wird, wie also die „Sprache des Kunden" in die „Sprache des Unternehmens", insbesondere der des Ingenieurs, übersetzt wird.

Der Bedarf an einer vollständigen systematischen Vorgehensweise in der Qualitätsplanungsphase folgt aus der Beobachtung, dass

- ca. 80 % aller Fehler, die während der Produkterstellung und im Produkteinsatz entstehen, ihre Ursachen in unzureichender Planung, Entwicklung und Konstruktion haben, und
- ca. 60 % aller Ausfälle, die während der Garantiezeit eines Produktes entstehen, ihre Ursache in einer fehlerhaften Entwicklung haben.

Damit ergeben sich im Einzelnen folgende Fragestellungen:

- Von welchen Qualitätsmerkmalen macht der Kunde seine Kaufentscheidung abhängig? Welche verdienen also die meiste Aufmerksamkeit?
- Wie können die kundenbezogenen Qualitätsbegriffe in produkt- bzw. prozessbezogene übersetzt werden?
- Wie können vage, nicht messbare Kundenwünsche in konkrete Handlungsanweisungen an die Produktplanungs-, Konstruktions-, Fertigungs-, Verkaufs- und Kundendienstabteilung nachvollziehbar umgesetzt und überprüft werden?
- Wie kann sichergestellt werden, dass sich die Kundenforderungen vom Management über die strategische und dispositive Führungsebene hinweg auf der operationalen Ebene in Arbeits- und Prüfanweisungen und schließlich im Produkt widerspiegeln? Und das in kürzerer Zeit zu geringeren Kosten (Time to Market)?

WAS BRINGT ES?

Quality Function Deployment QFD

Die anfänglich häufig sehr vagen Vorstellungen über ein neues Produkt bzw. dessen Verbesserung, die damit verbundenen komplexen Aufgabenstellungen, die verschiedenen Abstraktionsniveaus der Beschreibung sowie die unterschiedlichen Wissensstände zur Qualitätslage der an der Produktentwicklung Beteiligten stellen ein Problem dar. Hinzu kommt ein gewachsenes Interesse an der Produktqualität in den nicht oder nur schwer quantifizierbaren Dimensionen Sicherheit, Funktionalität (Effektivität), Wirtschaftlichkeit (Effizienz), Umweltverträglichkeit (Entsorgung) und ansprechendem Design.

So ist QFD eine übergreifende Planungsmethode unter Anwendung systematischer Hilfsmittel, Produkt-, Prozess- und Kostenqualität in kürzerer Zeit zu sichern und auszubauen.

WIE GEHE ICH VOR?

Qualitätsplanung mit QFD bedeutet, die aus der Sicht der Unternehmen externen Qualitätsforderungen in interne Anweisungen für Prozesse und Prüfungen unter Verwendung des „House of Quality" zu übersetzen. Dieses „Haus der Qualität", das Basiswerkzeug des QFD, ist ein tabellengesteuertes offline angewandtes Analyse-, Kommunikations- und Planungsverfahren, das die durch das emotionale Qualitätserleben geprägte „Sprache des Kunden" in die technische Sprache der Ingenieure, der Entwickler und Konstrukteure umsetzt, kritische Qualitätsmerkmale aufzeigt und Entscheidungshilfen in allen Produktentwicklungsphasen gibt.

Initialisiert wird dieser Analyseprozess mit gewichteten und klassifizierten Kundenforderungen (Ergebnisse der Marktforschung), die dann über die HoQ-Qualitätsplanungsebenen

- Produkt,
- Konstruktion (Teile, Baugruppen),
- Prozessplan und
- Fertigung

durch Übersetzungen in die zugehörigen Fachsprachen in das Endprodukt eingehen (vgl. Bild 1).

Bei den Übergängen zwischen den Qualitätsplanungsebenen handelt es sich jedoch nicht um logische Deduktionen, sondern um einen kreativen und oft intuitiven Interpretationsprozess. Dabei integriert das House of Quality die Syste-

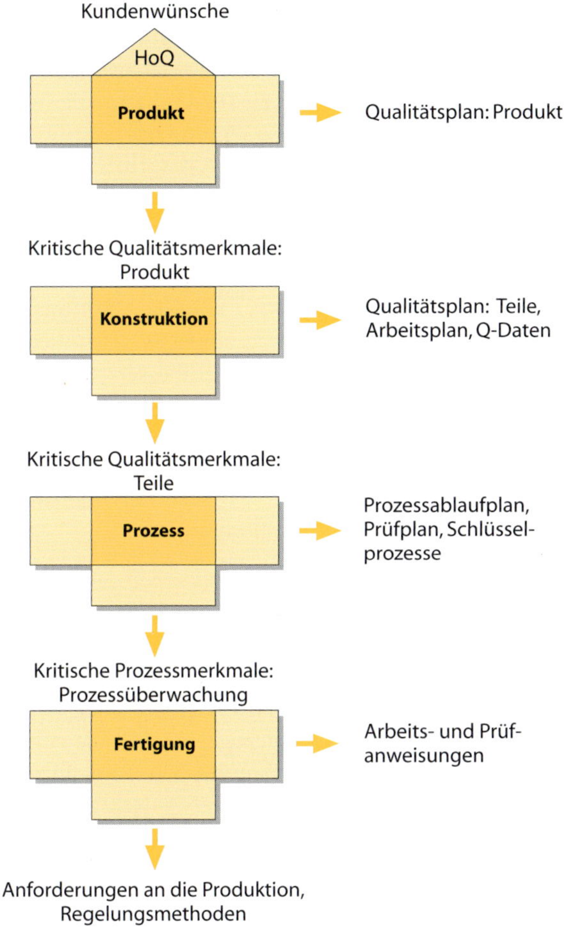

Bild 1: *Planungsmethode QFD*

matik der Vorgehensweise und die Anschauung der zugrunde liegenden komplexen Zusammenhänge für alle beteiligten Fachgruppen. Mit Einbeziehung des Topmanagements in eine QFD-inkorporierte Unternehmensstruktur kann damit QFD einen wichtigen Beitrag zu einer operationalen Definition von Company-Wide Quality Control (CWQC), Total Quality Management (TQM) und Total Quality Control (TQC) leisten.

QFD-Phase 1: Qualitätsplan Produkt

Die Qualitätsmerkmale, wie sie z.B. die Marktforschung ermittelt oder wie sie in Kundengesprächen formuliert werden („Sprache des Kunden"), werden übersetzt in messbare Qualitätsmerkmale des Produktes, von Baugruppen und von Unterbaugruppen. So sollen die Kundenforderungen in den Baugruppen- und Teileentwurf einfließen. Da sich also alle weiteren Schritte aus dem Qualitätsplan Produkt ableiten, fällt ihm eine entscheidende Rolle zu.

QFD-Phase 2: Qualitätsplan Teile

Die gefundenen Qualitätsmerkmale im Qualitätsplan Produkt werden weiter „aufgefächert" zu den Qualitätsmerkmalen der Einzelteile. Es werden die technischen Anforderungen der ersten Phase herangezogen und in die zugehörigen Qualitätsmerkmale der Baugruppen und Einzelteile „übersetzt". Dies wird mit Hilfe einer Aufschlüsselung der Kundenwünsche in kritische technische Anforderungen und der zugehörigen ausschlaggebenden Bauteileigenschaften erreicht. So soll gewährleistet werden, dass die Kundenmeinung in den Bauteil- bzw. Einzelteilentwurf einfließt. Die Ergebnisse der zweiten Phase bilden die Basis für die daran anschließende Prozess- und Prüfplanung.

QFD-Phase 3: Prozess- und Prüfablaufpläne

Die Prozess- und Prüfablaufpläne beinhalten die Produkt- und Prozessparameter sowie die Prüfpunkte. Sie stellen den Übergang vom Produktentwurf zur Produktion dar.

In dieser Phase werden die Beziehungen zwischen den kritischen Bauteilparametern und dem Produktionsprozess analysiert. So kann etwa eine kritische Eigenschaft, die direkt von einem Arbeitsvorgang betroffen ist, als Prüfmerkmal eingestuft und der Prüfablaufplan erstellt werden. Dieser enthält ein Schema des Prozessablaufes und der Prüfmethode sowie den Überprüfungsrhythmus.

QFD-Phase 4: Arbeits- und Prüfanweisungen

Die Arbeits- und Prüfanweisungen werden aus den Prozess- und Prüfablaufplänen abgeleitet und dienen deren Ergänzung. Sie bestimmen die Arbeitsvorgänge des Werkpersonals mit dem Ziel, die aus den Kundenwünschen abgeleiteten Qualitätsmerkmale auf Produktionsebene sicher zu erreichen. Sie legen die grundsätzlichen Aufgaben der Werker und Prüfer fest und ergänzen die Arbeits- und Prüfpläne. Im Wesentlichen enthalten sie Angaben über die einzuhaltenden Maße, das zu verwendende Messzeug, die Prüfart und die Prüfintervalle. Diese sind verfahrensbedingt direkt mit den kritischen technischen Merkmalen – also den Kundenforderungen – verbunden. Das kann dazu benutzt werden, den Zusammenhang zwischen den Arbeits- und Prüfanweisungen und dem Erreichen der Kundenzufriedenheit den Werkern und Prüfern nachvollziehbar darzustellen. Daher halten viele Anwender diese Phase für besonders nutzbringend.

Ziele

Die Analyse von Entwicklungsprogrammen ergab, dass vor allem die folgenden vier Punkte helfen, Wettbewerbsfähigkeit durch Reduzierung der Entwicklungszeit aufrechtzuerhalten bzw. zu erlangen:

- ausgereifte Konzepte und Technologien bereits im Vorfeld,
- verringerte Nahtstellenverluste,
- weniger und kürzere Entwicklungsschritte und
- bessere Planung und Managementinformation.

Voraussetzungen zur kundenorientierten Produktplanung sind die genaue Kenntnis der kundenbezogenen Qualitätsmerkmale und ihre Umsetzung in Arbeitsanweisungen an die Produktplaner, Konstrukteure, Fertigungsplaner und die Kundendienstabteilung.

Durch eine methodisch-systematische Qualitätsplanung, wie sie die QFD-Methodik darstellt, wird ein wichtiger Beitrag zu den Unternehmenszielen geleistet und der Anwender erzielt einen Wettbewerbsvorteil, weil

- die verbesserte Befriedigung der Kundenforderungen zu besseren Verkaufsergebnissen führt,
- die Anzahl von Änderungen am Produktentwurf reduziert wird, was die Produktentwicklungszeit verkürzt und so die Entwicklungskosten senkt, und
- die Anlaufkosten bei Produktionsbeginn gesenkt werden.

Der betriebliche Einsatz von QFD fördert eine engere Zusammenarbeit verschiedener Unternehmensbereiche. Unternehmen werden in die Lage versetzt, Qualitätssicherungsmaßnahmen in der Planungsphase systematisch zu berücksichtigen.

Die Verringerung der Anzahl der Iterationen im Produktentwicklungszyklus und die Verkürzung der Iterationsspannen (d.h. die Anzahl der Stufen, um die bei einer Modifikation zurückgegangen werden muss) sind Voraussetzungen für einen verbesserten termin- und kostengerechten Konstruktionsprozess. Darüber hinaus erlaubt der Formalismus die Verifikation der Konstruktionsentscheidungen, also die Rückführung jeder Entscheidung auf die Qualitätsanforderungen, was die Dokumentationsarbeit erleichtert.

Ablauf einer HoQ-Analyse

QFD wurde um das Jahr 1966 von dem Japaner Yoji Akao entwickelt und und wurde zum ersten Mal auf der Schiffswerft Mitsubishi Heavy Industries in Kobe/Japan praktisch eingesetzt. Erstmals wurde eine Matrix benutzt, in der die Kundenwünsche auf der vertikalen und die Methoden oder Zielsetzungen, wie diese Wünsche zu erfüllen sind, auf der horizontalen Achse abgetragen wurden.

Paradigmatisch für alle QFD-Phasen wird hier die Vorgehensweise für den Qualitätsplan Produkt beschrieben (Bild 2).

Forderungen in der „Sprache des Kunden" festlegen

Im Bereich der Anforderungen, die in der Literatur häufig auch als die „WAS" bezeichnet werden, werden die Kundenwünsche aufgelistet. Für die spätere Interpretation des House of Quality sowie eine verbesserte Übersicht empfiehlt es sich, sie nach geeigneten Merkmalen zu klassifizieren und klassenweise zusammengefasst aufzulisten. Die Anforderungsliste ist oft nicht direkt durchführbar und bedarf dann einer Erläuterung.

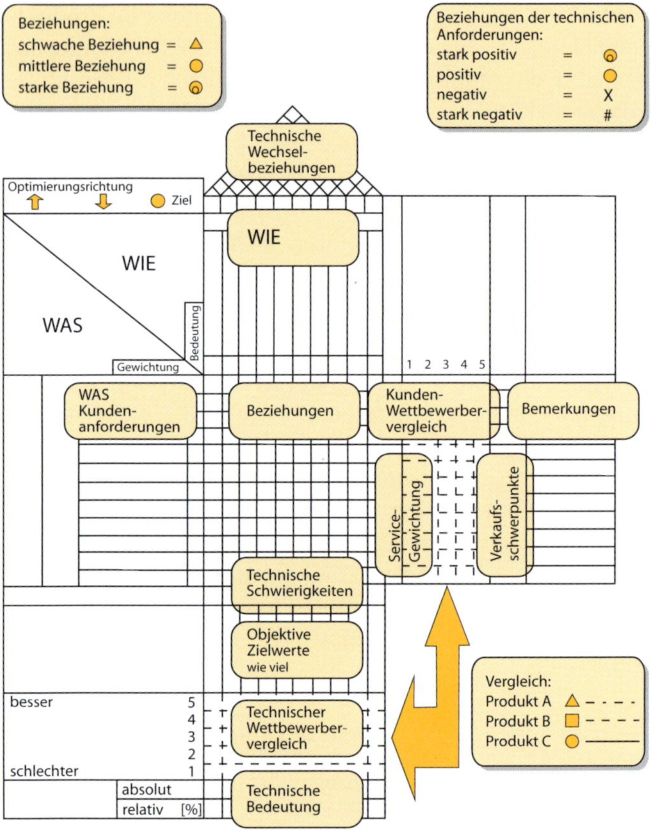

Bild 2: *Qualitätsplan Produkt*

Kundenforderungen in die „Sprache des Unternehmens" übersetzen

Die Kundenforderungen – die WAS – werden im zweiten Schritt in technisch orientierte bzw. durchführbare Forderungen – in WIEs – übersetzt und in dem Bereich „Kritische Merkmale" aufgelistet. Die Kundenforderungen werden so in produktorientierte Qualitätsmerkmale überführt. Diese müssen messbare Größen am fertigen Produkt sein.

Beziehungen herstellen und gewichten

Die Beziehungen, die die Forderungen mit den kritischen Merkmalen haben, werden in der Matrix, die von den beiden Listen eingeschlossen wird, jeweils an den betreffenden Schnittpunkten wie folgt dargestellt:

Dreieck – schwache Beziehung
Kreis – mittlere Beziehung
Doppelkreis – starke Beziehung

Diese Methode ermöglicht es, die häufig sehr komplexen Beziehungen zwischen dem, was zu realisieren ist, und dem, wie es zu realisieren ist, zu visualisieren. Da der Mensch visuell dargebrachte Information bei weitem am schnellsten verarbeiten kann, ist dieses Verfahren sehr hilfreich beim „strukturierten Denken".

Ausprägungen festlegen

Für jedes WIE ist seine Ausprägung, also die Einheit, in der es gemessen werden kann, einzutragen. Da die zugehörigen Werte, die WIEVIELs, noch unbekannt sind, werden sie getrennt ermittelt.

Die Kundenforderungen, die in detaillierte Forderungen übersetzt wurden, können nun in regelmäßigen Abständen, Stichproben oder angemessenen physikalischen Werten kontrolliert werden.

Durch die Überprüfbarkeit des Einhaltens der Werte der Ausprägungen ist später die Verifikation der Produktspezifikation resp. idealerweise das präzise Erfüllen der Kundenforderungen möglich.

Optimierungsrichtung angeben

Hier wird für jedes Qualitätsmerkmal symbolisch angegeben, ob eine Verbesserung erreicht wird, wenn es vergrößert (Richtungspfeil nach oben) oder verkleinert (Richtungspfeil nach unten) wird. Falls das Merkmal auf einen Zielwert eingestellt werden soll, so wird das durch einen Kreis symbolisiert.

Wechselbeziehungen

In der Wechselbeziehungsmatrix werden symbolisch die Arten der bestehenden Beziehungen zwischen den einzelnen Merkmalen dargestellt. Sie stellen dar, welche Merkmale sich entsprechend ihrer Optimierungsrichtung unterstützen (gleicher Richtungspfeil) und welche miteinander in Konflikt stehen (ungleiches Richtungssymbol). Besteht keine Beziehung, so wird nichts eingetragen.

Es bedeuten:

Doppelkreis	– sehr gut
Kreis	– gut
Kreuz	– schlecht
Doppelkreuz	– sehr schlecht

Kritischer Vergleich

Ein kritischer Vergleich kann sowohl für die WAS als auch für die WIEs durchgeführt werden. In erstem Falle handelt es sich um einen Vergleich durch den Kunden, der z.B. durch die Marktforschung ermittelt wurde. Er gibt den Grad der Erfüllung der Kundenforderungen im Vergleich zu dem der Wettbewerber an. Er sollte möglichst viel kundenorientierte Information benutzen. Techniker sollten ihn nicht durchführen, da ihr technisches Wissen ihr Urteil beeinflussen kann.

Dagegen wird der kritische Vergleich zwischen den WIEs von Technikern vorgenommen, wobei Grundlage der Vergleiche objektive Messungen sind.

Bewertungen

Die relativen Bewertungen der WAS können mit dem Verfahren „Paarweiser Vergleich“ gewonnen werden, wobei auf eine Skala von 1 bis 9 normiert wird.

Servicegewichtung

Die Eintragungen in dieser Spalte geben über die Stellen Aufschluss, bei denen Verbraucherprobleme auftreten. Über die Korrelationsmatrix zwischen den WAS und WIEs kann der Entwickler ablesen, welche Qualitätsmerkmale hierbei eine besondere Rolle spielen.

QFD ergänzt den Baukasten der Qualitätstechniken um das wesentliche Bindeglied zwischen Kunde und Marktforschung mit dem technischen Unternehmensbereich, der die Erfüllung der Kundenbedürfnisse verwirklichen soll.

Das systematische Sammeln von Daten, ihr Bewerten im Konsens mit Kollegen aus dem Marketing, der Entwicklung und Konstruktion, der Fertigungsplanung und Produktion, dem Qualitätswesen und Controlling wird häufig als lästig und zu zeitraubend empfunden. Tatsächlich bremst QFD den stürmischen Tatendrang und den Enthusiasmus der genialen Entwickler. Die Vorteile gut überlegten Vorgehens sind jedoch unermesslich: Anstelle des Know-hows des Entwicklers alleine fließt das des ganzen Unternehmens ein.

Haben Sie Verantwortung für das Produkt, so ist es Ihre Pflicht, QFD durchzusetzen. Wie? Verlangen Sie vor der Produktentscheidung die Vorlage des Kunden-Wettbewerbervergleichs. Dieser Vergleich kommt nur zu Stande, wenn das House of Quality gründlich ausgefüllt wurde. Sie können sehen, wie Ihre prognostizierten Marktchancen liegen. Liegt auch das neue Produkt wieder nur im Mittelfeld und der Wettbewerb schlägt Sie über den Preis oder ist Ihr Produkt Spitze und Sie können das auch im Preis ausdrücken?

2 Produkt entwickeln

WORUM GEHT ES?

Produktentwicklung und -fertigung sind mit Risiken versehen. Für die an den Prozessen Beteiligten ist es eine spannende Aufgabe, sie aufzuspüren, zu verringern oder gar zu vermeiden (Bild 3).

„Qualität ist die Erfüllung von Kundenanforderungen."

Ein verbesserter Produktentwicklungsprozess definiert sorgfältig alle Kundenanforderungen und benutzt diese als Leitfaden während der Produktplanung, der Konstruktion, der Prozess- und der Fertigungsplanung. Ein integriertes Produktentwicklungsteam aus Spezialisten aller Fachgebiete garantiert minimale Informationsverluste während der einzelnen Entwicklungsphasen. Ergänzt durch Simultaneous Engineering, d.h. zeitlich parallele Bearbeitung der genannten Phasen, werden somit hohe Qualität, kurze Entwicklungszeiten und geringe Kosten gleichermaßen realisiert.

Kundenanforderungen

1. Spezifische Qualität:	Merkmale, die der Kunde explizit äußert.
2. Erwartete Qualität:	Merkmale, die der Kunde als selbstverständlich ansieht und daher nicht äußert.
3. Begeisternde Qualität:	Merkmale, die der Kunde nicht äußert und auch nicht erwartet, aber begeistert aufnehmen wird.

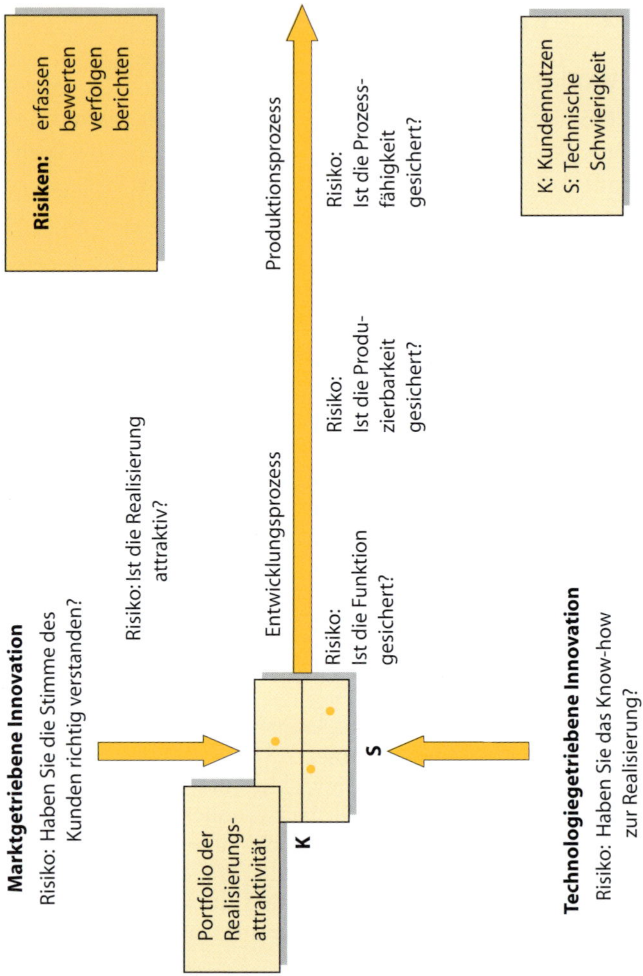

Bild 3: *Innovationen und Risiken*
Quelle: Prefi

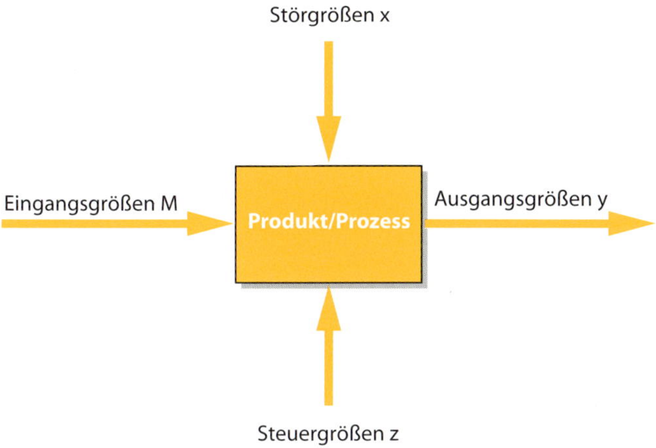

Bild 4: *Größen am Produkt oder Fertigungsprozess*

Eingangsgrößen M:
Größen, die vom Konstrukteur eines Produktes oder Prozesses vorgegeben und dann vom Benutzer/Bediener eingestellt werden, um einen erwünschten Wert der Ausgangsgrößen y zu erzielen. Beispiel: Lautstärkeregler eines Verstärkers.

Steuergrößen z:
Größen, die vom Konstrukteur bestimmt werden und deren optimaler Wert während der Entwicklung einmalig festgesetzt wird. Der Benutzer/Bediener kann den Wert einer Steuergröße nicht mehr verändern. Beispiel: Komponenten eines Verstärkers (Widerstände, Kapazitäten etc.) und deren Nennwerte.

Störgrößen x:

Die Werte der Störgrößen sind gar nicht oder nur sehr kostenintensiv zu kontrollieren. Sie ändern sich kontinuierlich und sind nur statistisch mit Mittelwert und Standardabweichung zu erfassen. Störgrößen sind die Ursachen unerwünschter und unkontrollierbarer Abweichungen eines Qualitätsmerkmals von seinem Sollwert. Wesentliches Ziel ist die Robustheit eines Produktes oder Prozesses gegenüber Störgrößen.

Ausgangsgrößen y:

Die Ausgangsgrößen y sind Merkmale, die am Produkt oder Prozess gemessen werden können und die dem Benutzer/Bediener/Kunden zur Bestimmung der Qualität dienen. Sie werden daher als Qualitätsmerkmal bezeichnet. Ein qualitativ hochwertiges Produkt zeichnet sich dadurch aus, dass seine Qualitätsmerkmale y mit ihren Sollwerten m übereinstimmen und gleichzeitig eine geringe Streuung aufweisen.

Das Qualitätsmerkmal y eines Produktes oder Fertigungsprozesses ist über eine nichtlineare Funktion mit den Steuergrößen z (Produkt- bzw. Prozessparameter) und den Störgrößen x verbunden:

$$y = f(z, x)$$

Die Nichtlinearität zwischen Eingangs- und Ausgangsgrößen wird ausgenutzt, um die Werte der Steuergrößen z so einzustellen, dass die Störgrößen x nur eine minimale Variation des Qualitätsmerkmales y um seinen Zielwert m verursachen. Dieser Zustand wird mit *Robustheit eines Qualitätsmerkmals gegenüber Störgrößen* bezeichnet und ist gleichbedeutend mit hoher Qualität (vgl. Bild 5).

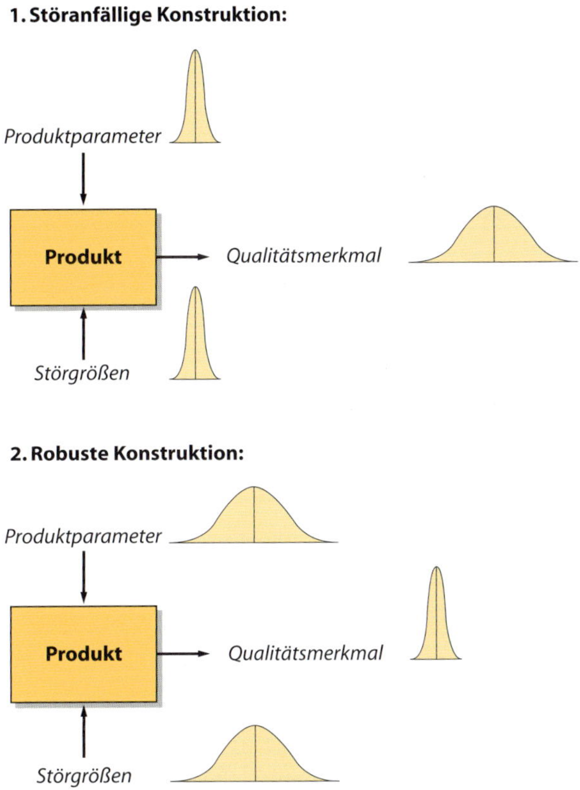

Bild 5: *Prinzip der Robustheit gegenüber Störgrößen*

WAS BRINGT ES?

Den Entwicklungsprozess weiter zu systematisieren durch Eingliedern von Qualitätstechniken erhöht die Wertschöpfung und schafft Einsparungen. Die Nutzung des Firmen-Know-hows durch gute Kommunikation der Fachleute verschiedener Bereiche bringt Vorteile in Bezug auf Vereinfachungen bei Herstellung und Teilevielfalt, wie nachfolgend aufgelistet:

Produkt, nach Kundenwunsch	
Wertschöpfung	Aufwand zur Erzielung der Wertschöpfung
erfüllen, was der Kunde möchte erahnen, was ihn angenehm überrascht, gar begeistert, er haben möchte sobald er es hat, ihn nicht enttäuschen (Zuverlässigkeit und Lebensdauer)	Übersetzen der Kundensprache in die Sprache der Ingenieure, QFD – HoQ Konstruktion qualitativ absichern, FMEA, und unanfällig machen, Robust Design Fertigung und Montage qualitativ absichern $c_{pk} > 1{,}67$
Simultaneous Engineering SE	
Einsparung	Aufwand
Entwicklungs- und Produktionsplanungszeit wird kürzer	zur bereichsübergreifenden Kommunikation, Fokussierung auf Produkt-, Fertigungs- und Montagequalität durch Anwenden der Qualitätstechniken wie QFD/HoQ und FMEA zwecks frühzeitiger Anhebung des Reifegrades des Entwicklungsprozesses Schulung der Konstrukteure und Planer im Gebrauch der Qualitätstechniken

Simultaneous Engineering SE	
Einsparung	Aufwand
Entwicklungs- und Produktionsplanungszeit wird kürzer	Nutzen der Ergebnisse aus der Anwendung der Qualitätstechniken für Freigabeentscheidungen und das Qualitätscontrolling
Design for Manufacture, Design for Assembly DFM, DFA	
Vorteile	Aufwand
unkomplizierte Konstruktionen weniger Teile, weniger Fügeoperationen irrtumsfreie Konstruktionen Komplexitätsmanagement	Hand-in-Hand-Arbeit von Konstruktions-, Planungs- und Betriebsingenieuren SE Schulung in Poka Yoke-Gedankengängen und -Konstruktionselementen

Tab. 1: *Qualitätsbewusstes Entwickeln*

WIE GEHE ICH VOR?

Zunehmende Komplexität der Technik, das gestiegene Qualitätsbewusstsein der Verbraucher, Konkurrenzdenken und die notwendigerweise erhöhte Produktivität fordern gerade im Bereich der Produktentstehungsphasen vor Serieneinsatz neue Methoden zur Sicherung und Steigerung der Qualität.

Jede Branche und jedes Unternehmen können dabei unterschiedliche Wege gehen. Mit einer gegenüber dem Wettbewerber besseren Vorgehensweise kann man Vorteile erzielen. Die Vorteile können sich qualitäts- oder kostenmäßig auswirken, aber auch in der geringeren Länge der Entwicklungszeit liegen, oder in allen drei Kriterien bzw. in ihrer Kombination.

Bei aller Verschiedenheit gibt es Grundregeln, auf die hier hingewiesen wird.

Während die qualitätsschöpfenden und -sichernden Maßnahmen von den Fachbereichen ausgeführt werden müssen, werden sie von der Institution „Qualitätswesen“ in dieser Beziehung koordiniert, angeleitet, aber auch kontrolliert.

Die einzelnen Meilensteine im Entwicklungsablauf

1. **Zieldefinition/Zielkatalog**

1.1 Externe (Qualitäts-)Kriterien
- Kundenanforderungen
- Gesetzesvorgaben (eventuell länderspezifisch)
- Standard des Wettbewerbs

1.2 Interne (Qualitäts-)Kriterien
- Produktidee
- Qualitätsziele zu Zuverlässigkeit, Lebensdauer, Komfort u. a.
- Kostenlimit
- Volumenvorgabe
- Termin für Start der (Serien-)Fertigung

2. **Lastenheft**
(häufig unterteilt in Lastenheft 1 und Lastenheft 2)
- Technische Produktbeschreibung

- Detaillierung der Qualitätsziele auf die einzelnen Aggregate/Bauteile
- Festlegung von Qualitätsbewertungen im Prozess und Definition der messbaren Inhalte (Quality Gates)
- Konstruktionsentwürfe
- Stylingmodelle
- Stücklistenerstellung
- Terminplanung
- Fertigungsplanungsgerechte Zeichnungen

3. **Entwicklung und Produktionsplanung**
   - Erstellung Serienzeichnung einschl. Produkt-FMEA
   - Entscheidung über Zielerreichung im Rahmen der Quality Gates
   - Bezugsartfestlegung Eigenfertigung/Kaufteil
   - Fertigungs- und Prüfplanung einschl. Prozess-FMEA
   - Beurteilung der Qualitätsfähigkeit der Eigenfertigung (soweit vorhanden) und Lieferanten
   - Abgleich Zeichnungstoleranz und Maschinenfähigkeit ($c_{pk} > 1{,}67$)
   - Prototypenerprobung
4. **Beschaffungs- und Vorserie**
   - Detaillierung Fertigungs- und Prüfpläne
   - Beschaffung und Prüfung Betriebsmittel
   - Herstellung/Beschaffung Vorserienteile für Produktionsversuchsserie PVS
   - Qualitätsbewertung der PVS und Hochrechnung der Qualitätszielerreichung
   - Musterprüfung
   - Erstellung der Kundendienst-Hilfsmittel (Unterlagen und Werkzeuge)
   - Fertigung und Montage Pilotserie
   - Erprobung Pilotserie (Großversuch)

- Fertigung und Montage Nullserie
- Beurteilung Nullserie und Qualitätszielerreichung
- Entscheidung über Serienanlauf

5. **Serie – Start of Production SOP**
   - „Job No. 1" und Anlaufkurve
   - Serienfertigung und Markteinführung
   - Qualitätsbeurteilung Feldverhalten, Bewertung Kundenreaktionen

Jeden Einzelschritt erst dann zu tun, wenn der vorhergehende positiv abgeschlossen ist, würde den Entwicklungsablauf sehr in die Länge ziehen. Ein schnellerer Wettbewerber hätte sich Marktanteile erobern können. Deshalb werden häufig einzelne Vorgänge mit Überlappung bearbeitet.

Zum Beispiel werden Betriebsmittel schon bestellt, bevor die endgültige Konstruktionszeichnung des Bauteils, das mit Hilfe der Betriebsmittel gefertigt wird, vorliegt.

Arbeitsplätze von Konstrukteuren, Planern und Qualitätssicherern werden in einen Raum zusammengeführt, um den Wissens- und Meinungsaustausch zu fördern (Simultaneous Engineering).

Überlapptes Arbeiten verlangt wiederholtes Prüfen, ob die Annahmen sich bestätigt haben oder Korrekturen erforderlich sind.

Gedankliches, systematisches Abklopfen hinsichtlich MÖGLICHER SCHWACHSTELLEN bezüglich eines

- Produktes (Konstruktions-FMEA) und
- Herstellverfahrens (Prozess-FMEA)

durch kritisches ANSCHAUEN und ABFRAGEN (was könnte passieren?) und ERFAHRUNGSRÜCKFLUSS (was ist schon einmal aufgetreten und darf sich nicht wiederholen?), um Fehler = Schwachstellen zu vermeiden.

„Qualitätstechniken" für eine robuste Konstruktion	
• System Design[1)]	Erste Phase des Off-Line Quality Control (= Qualitätssicherung vor Serienanlauf, d.h. während der Produktentwicklung und Fertigungsplanung) nach Taguchi. Auswahl des Produktkonzeptes (physikalische Prinzipien, Baugruppen, Materialien, Vorauswahl der Nennwerte der Produktparameter) und Bau eines lauffähigen Prototyps bei der Produktentwicklung, Auswahl eines Fertigungsprozesses, der Fertigungsanlagen und Vorauswahl der Nennwerte der Prozessparameter bei der Fertigungsplanung.
• House of Quality	Ein hervorragendes Mittel vornehmlich für den Konstrukteur, seine Neukonstruktionen bzw. Konstruktionsänderung zu Kundenerwartungen und Wettbewerb richtig zu positionieren und Abhängigkeiten von Eigenschaften zu erkennen.
• Konstruktions-FMEA	(Failure Modes and Effects Analysis – Fehlermöglichkeits- und -einflussanalyse) Der Konstrukteur stellt seine Neukonstruktion/Konstruktionsänderung zur Diskussion und bittet seine Fachkollegen der benachbarten Bereiche, gemeinsam Schwachstellen aufzuzeigen, bevor die Konstruktion freigegeben wird.

„Qualitätstechniken" für eine robuste Konstruktion	
• Parameter Design[1)]	Statistische Versuchsplanung zur Optimierung der mit System Design vorausgewählten Nennwerte der Produkt- und Prozessparameter für geringe Streuung der Qualitätsmerkmale von Produkten und Fertigungsprozessen (Robustheit gegenüber Störgrößen). Wesentliche Technik zur Qualitätsverbesserung ohne Kostensteigerung.
• Tolerance Design[1)]	Tolerierung der mit Parameter Design auf die optimalen Nennwerte eingestellten Produkt- und Prozessparameter, insbesondere engere Toleranzen für Parameter mit weiterhin starkem Einfluss auf die Streuung der Qualitätsmerkmale. Qualitätsverbesserung nur mit Kostensteigerung (bessere Materialien oder Maschinen).
• Poka Yoke	Irrtumsfreie Fertigung und Montage (Codierung), konstruktiv bzw. fertigungstechnisch vorgesehen.

1) nach Taguchi

Tab. 2: *„Qualitätstechniken" für eine robuste Konstruktion*

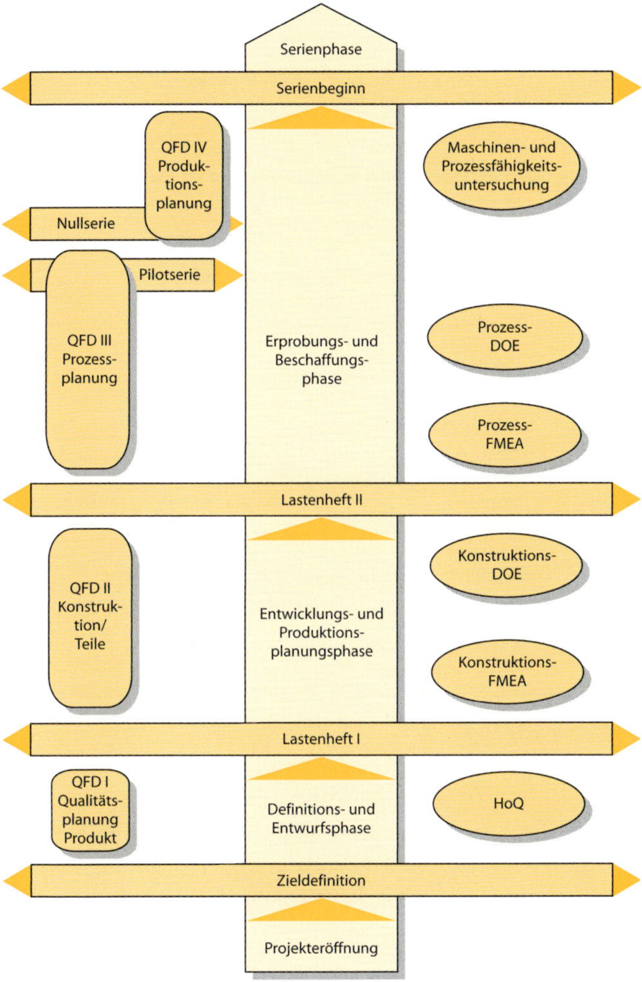

Bild 6: *Qualitätstechniken im Entwicklungsablauf*

HoQ (House of Quality):

Ziel: Umsetzen der Kundenwünsche in messbare Qualitätsmerkmale der Produkte
Ergebnis: kritische Qualitätsmerkmale

Konstruktions-FMEA (Fehlermöglichkeits- und -einflussanalyse):

Ziel: Absichern der Konstruktion gegen Schwachstellen
Ergebnis: Risikoprioritätszahl RPZ

Konstruktions-DOE (Design of Experiments):

Ziel: Produkte robust gegenüber Störungen machen
Ergebnis: Signal Rauschverhältnis S/N und Qualitätsverlustfunktion

Prozess-FMEA:

Ziel: Absichern des jeweiligen Prozesses gegen Schwachstellen
Ergebnis: siehe Konstruktions-FMEA

Prozess-DOE:

Ziel: Prozesse robust gegenüber Störungen machen
Ergebnis: siehe Konstruktions-DOE

Maschinen- und Prozessfähigkeitsuntersuchung:

Ziel: Bewertung der Maschinen und der Prozesse auf ihre Fähigkeit hin, sicher zu sein
Ergebnis: Prozessfähigkeitsindex$_{cpk, cmk}$

Bild 7: *Quality Engineering*

FMEA

ist eine formalisierte analytische Methode zur systematischen und vollständigen Erfassung und Vermeidung potenzieller Risiken/Probleme/Fehler.

Die FMEA dient dazu, Vorbereitungen und Pflichtenhefte zu vervollständigen, und zwar „ehe Hardware bestellt oder entstanden ist“!

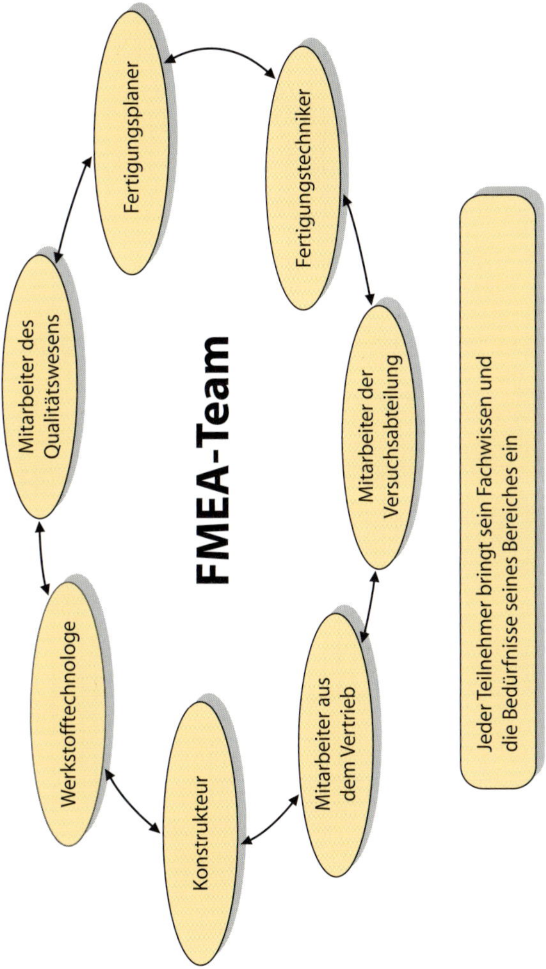

Bild 8: *FMEA verlangt Teamarbeit*

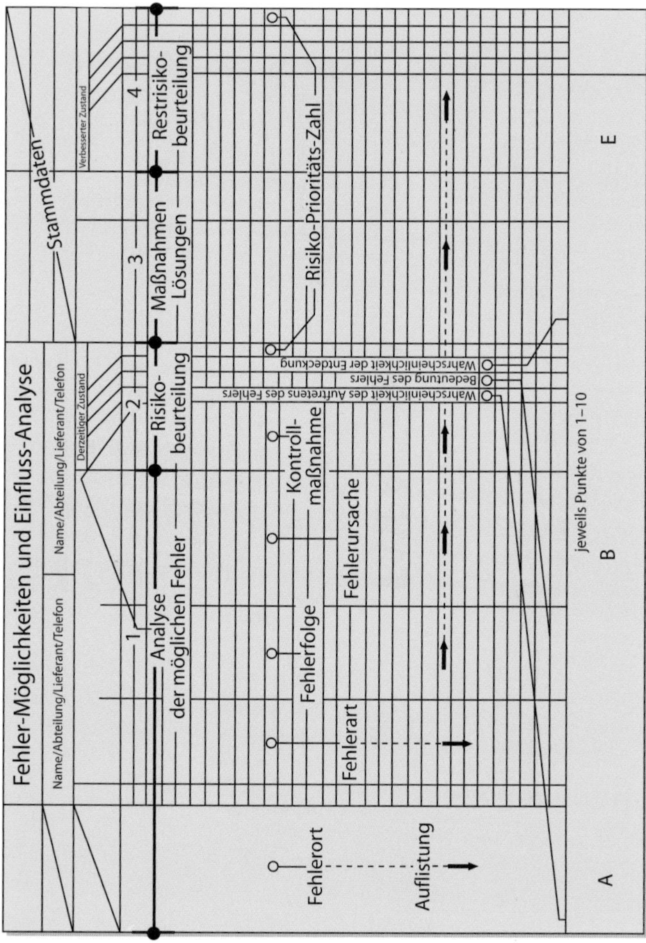

Bild 9: *FMEA-Arbeitsschema*

Wo wendet man FMEA im Phasenablauf zur Entstehung eines technischen Produktes an?

Marketing	Konstruktion	Fertigungstechnik	Einkauf	Produktion	Kundendienst
PRODUKT-PLANUNG →	PRODUKT-ENTWURF →	BETRIEBS-MITTEL →	KAUFTEILE →	HERSTELL-PROZESS →	PRODUKT-EINSATZ
Qualitätsziele	Konstruktions-FMEA	Prozess-FMEA	Qualitätssicherung Lieferanten	Statistische Prozessregelung	Ausfallanalyse

Der Schwerpunkt der Betrachtung gilt der an allen Stellen im Handlungsablauf „integrierten Qualität“ unter ständiger Beachtung der unternehmenspolitischen Qualitätszielsetzung.

Risikoprioritätszahl RPZ = A · B · E (vgl. Bild 9)

A Wahrscheinlichkeit des Auftretens des Fehlers
(Fehler kann vorkommen)

unwahrscheinlich	= 1
sehr gering	= 2–3
gering	= 4–6
mäßig	= 7–8
hoch	= 9–10

B Bedeutung des Fehlers
(Auswirkungen auf den Kunden)

kaum wahrnehmbare Auswirkungen	= 1
unbedeutender Fehler	= 2–3
(geringe Belästigung des Kunden)	
mäßig schwerer Fehler	= 4–6
schwerer Fehler, Verärgerung des Kunden	= 7–8
äußerst schwerwiegender Fehler	= 9–10

E Wahrscheinlichkeit der Entdeckung des Fehlers (vor Auslieferung an Kunden)

hoch	= 1
mäßig	= 2–5
gering	= 6–8
sehr gering	= 9
unwahrscheinlich	= 10

Beurteilung			Fehlerausssage	Maß-nahmen
A	B	E		
1	1	1	Idealfall (Ziel)	nein
1	1	10	Sichere Beherrschung, Kontrollen in aller Regel überflüssig	nein
1	10	1	Fehler erreicht nicht den „Kunden"	nein
1	10	10	Fehler könnte den „Kunden" erreichen	ja
10	1	1	Häufiger Fehler, sicher zu entdecken, aber kostet Geld	ja
10	1	10	Häufiger Fehler, könnte den Kunden erreichen	ja!
10	10	1	Häufiger Fehler mit großer Bedeutung bei entsprechend großem Prüfaufwand	ja!
10	10	10	„Da stimmt grundsätzlich etwas nicht"	?!

Tab. 3: *Orientierungshilfen*

A = Auftreten
B = Bedeutung
E = Entdecken

Die Anwendung von Qualitätstechniken wie z. B. die FMEA wird vom Konstrukteur leicht als lästig, da zeitaufwendig, empfunden.
Schließlich ist man ja erfahren. Die FMEA gar im Team zu erarbeiten wird nach Abklingen des Neuigkeitswertes gerne von allen unterlaufen, sofern es auf freiwilliger Basis abläuft.
Achtung: Risiken werden je nach Interessenlage über- oder unterbewertet.

Setzen Sie die Anwendung der FMEA durch. Wie? Verlangen Sie vor Freigabe der Konstruktion bzw. vor Freigabe des Fertigungsplans die Vorlage der Risikoprioritätszahl.
Mitarbeiter sehen nur das als wichtig an, was auch der Chef so sieht. Ihre Verantwortung verlangt die Berücksichtigung eventueller Risiken.

Die Durchführung der FMEA im Team stellt ein vorzügliches Mittel zur Förderung der innerbetrieblichen und bereichsübergreifenden Kommunikation dar.
Vorteil: Das Firmen-Know-how fließt in das neue Produkt ein, nicht nur das des Konstrukteurs.

3 Prozessfähigkeit planen

WORUM GEHT ES?

Nach Abschluss der Entwicklung, aber noch vor Fertigstellung aller konstruktiven Details, beginnen intensive Planungen, einen fähigen Produktionsprozess zu gestalten. Verlangt wird eine Prozessfähigkeit von mindestens $c_{pk} > 1{,}67$. Je größer, desto besser.

Der nächste äußerst bedeutsame Umfang ist die Verfügbarkeit der Betriebsmittel. Die Overall Equipment Effectiveness sollte O.E.E. > 80 % sein.

Maschinen- und Prozessfähigkeit

Nachdem ein Qualitätsmerkmal bestimmt worden ist, müssen entsprechende Messgeräte ausgewählt werden, mit denen Messwerte mit der geforderten Genauigkeit und Wiederholbarkeit ermittelt werden können.

Als Maß für die Güte eines Produktionsprozesses werden die Maschinen- und die Prozessfähigkeit herangezogen. Erstere ist ein Indikator für die Fertigungs- bzw. Wiederholgenauigkeit einer Werkzeugmaschine und damit für das Kurzzeitverhalten des Prozesses. Nicht maschinenbedingte Streuungseinflüsse wie Werkzeugverschleiß und Messunsicherheit werden bei der Ermittlung der Maschinenfähigkeit rechnerisch eliminiert. Der Kennwert c_m (c steht hier für engl.: capability) berücksichtigt die Streuung der Maschine, während der Index c_{mk} zusätzlich die Lage des Mittelwertes innerhalb der Toleranz einbezieht. Diese Indizes werden mit folgender Formel bestimmt:

$$c_m = \frac{OTG - UTG}{6 \cdot s} \quad \text{und} \quad c_m = \frac{z_{krit}}{3}$$

OTG und UTG bezeichnen die obere bzw. die untere Toleranzgrenze, s ist die Standardabweichung des Loses als Näherung für die Standardabweichung σ der Grundgesamtheit. Der Wert z_{krit} bezeichnet den kritischen Abstand des Stichprobenmittels zur Toleranzgrenze und wird folgendermaßen hergeleitet:

$$z_{\mathrm{krit}} = \frac{\min(\mathrm{OTG} - \overline{\overline{x}}; \overline{\overline{x}} - \mathrm{UTG})}{\hat{\sigma}}$$

$\hat{\sigma}$ bezeichnet den Schätzwert für die Varianz der Grundgesamtheit σ:

$$\hat{\sigma} = \frac{\overline{R}}{d_2} \text{ bzw. } \hat{\sigma} = \frac{\overline{s}}{c_4}$$

Die Werte für c_4 und d_2 werden in Abhängigkeit vom Stichprobenumfang der Tabelle entnommen.

n	c_4	d_2	A_2	D_3	D_4
2	0,789	1,128	1,614	0,008	3,520
3	0,886	1,693	0,878	0,080	2,613
4	0,921	2,059	0,626	0,167	2,280
5	0,940	2,326	0,495	0,239	2,101
6	0,952	2,543	0,415	0,296	1,986
7	0,959	2,704	0,360	0,341	1,906
8	0,965	2,847	0,320	0,378	1,846
9	0,969	2,970	0,289	0,408	1,798
10	0,973	3,078	0,265	0,434	1,760

Tab. 4: *Faktoren zur Berechnung der Eingriffsgrenzen mit $S = 99\,\%$ ($\hat{=}$ 2,576 σ bei NV) nach Hoffmann*

Für die Durchführung der Maschinenfähigkeitsuntersuchung werden zunächst mindestens 50 Teile unmittelbar nacheinander gefertigt und daraus die entsprechenden Indizes berechnet. Erst wenn die Maschinenfähigkeit gewährleistet ist ($c_m \geq 1,67$, $c_{mk} \geq 1,33$), wird in einem zweiten Schritt die Prozessfähigkeit untersucht, die mit den Indizes c_p und c_{pk} im Gegensatz zur Maschinenfähigkeit das Langzeitverhalten des Prozesses beschreibt und analog berechnet wird:

$$c_p = \frac{\text{OTG} - \text{UTG}}{6 \cdot \hat{\sigma}} \text{ und } c_{pk} = \frac{z_{krit}}{3}$$

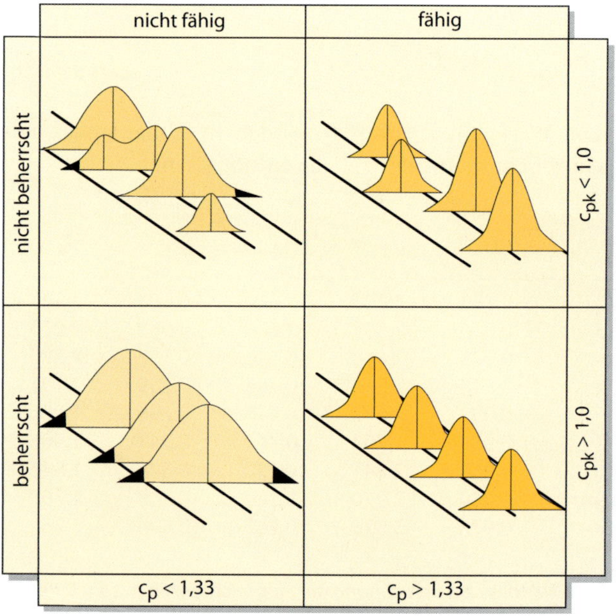

Bild 10: *Bedeutung und Auswirkung beherrschter und fähiger Prozesse*

Zur Ermittlung der Prozessfähigkeit werden einem Vorlauf mindestens 25 Stichproben mit je fünf Elementen (zeitlich über eine Schicht oder einen Tag gestreckt), also 125 Teile entnommen. Je größer die Werte für c_p bzw. c_{pk} sind, desto besser ist der Prozess in der Lage, die Qualitätsforderung zu erfüllen.

In der Industrie werden heute unterschiedliche Vorgaben für c_p und c_{pk} gemacht, wobei die Werte mit dem Ziel der Null-Fehler-Position ständig nach oben verschoben werden.

Prozess-FMEA

Die **Prozess-FMEA** soll alle möglichen Störfaktoren und ungewollten Zustände aufzeigen, die einen einwandfreien Produktionsablauf erschweren. Besonders durchleuchtet werden beispielsweise folgende Aufgabenstellungen:

- Verfahrenseignungsanalyse
- Verfahrenssicherheit (Schutz von Menschen und Betriebsmitteln)
- Qualitätsfähigkeit
- Prozessstabilität
- Konzepte und Techniken zur weitestgehenden Selbstkontrolle und Selbsthilfe durch den unmittelbar Ausführenden
- Aktuelles Sichtbarmachen von Prozesssteuerungsmerkmalen und Qualitätsstand
- Wartungs- und Störungsbeseitigungsorganisation
- Art und Handhabung bei notwendigen Ablaufentscheidungen u. Ä. m.

Maschinenverfügbarkeit

Insbesondere bei Anwendung des Just-in-Time-Konzepts (JiT) zur Organisation und Steuerung des Materialflusses für eine Produktion auf Abruf gewinnt die Maschinenverfügbarkeit eine herausragende Bedeutung, um den ungestörten Materialfluss zu gewährleisten.

Die Gedanken, die zur Entwicklung von Total Productive Maintenance geführt haben, basieren auf der Grundüberlegung, dass dem steigenden Komplexitätsgrad der hoch technisierten Maschinen, die heute in der Fertigung eingesetzt werden, Rechnung zu tragen ist. Jeder Maschinenstillstand verringert Produktivität und Kapazitätsauslastung und verursacht damit Ausfallkosten. Der Einsatz spezieller Instandhaltungsteams führte nicht zu befriedigenden Ergebnissen, sodass dazu übergegangen wurde, das Maschinenbedienungspersonal auch mit der Ausführung der Instandhaltungsarbeiten zu betrauen.

Der Total Productive Maintenance-Ansatz zielt darauf ab, dem Maschinenbediener nicht nur die Ausführung der Instandhaltung, sondern auch die Verantwortung für den einwandfreien Zustand der gesamten Produktionsanlage zu übertragen. Dazu gehören nicht nur die Maschine als solche, sondern auch das Umfeld mit den benötigten Werkzeugen einschließlich der Ausführung aller Tätigkeiten der Instandhaltung. Damit wird das alte System der Arbeitsteilung durchbrochen und ein neues System geschaffen, welches den Maschinenführer durch sinnvollen Einsatz seiner Fachkenntnisse zum Experten für Bedienung, Instandhaltung und Fertigung, also für den gesamten Produktionsprozess macht.

Die Betonung des produktiven Elements im Rahmen von Total Productive Maintenance leitet sich aus der Tatsache her, dass dieses Konzept auch in besonderem Maße auf eine systematische und kontinuierliche Verbesserung der Leistung bzw. der Produktivität der betrachteten Produktionsanlagen während ihrer gesamten Lebensdauer ausgerichtet ist.

Damit ist auch eine Verbindung zum Prinzip der Ständigen Verbesserung hergestellt. Die Entwicklung eines Instandhaltungssystems sowie die Erlernung und Anwendung von Problemlösungstechniken (Qualitätstechniken) seien beispielhaft genannt. Hauptansatzpunkt für Total Productive Maintenance bleiben die Produktionsanlagen und -arbeitsplätze auf Werkstattebene, die als der Ort verstanden werden, an dem die wertschöpfenden Prozesse im Unternehmen stattfinden.

Die Gesamtanlageneffektivität errechnet sich aus

$$\text{O.E.E.} = NG \cdot LG \cdot QG$$

NG = Gesamtnutzungsgrad
(Verhältnis von Maschinenlaufzeit zur Planbelegungszeit)

LG = Leistungsgrad
(Verhältnis der Plantaktzeit zur Maschinenlaufzeit, multipliziert mit der Stückzahl)

QG = Qualitätsgrad
(Verhältnis der Gutteile zur Gesamtstückzahl)

Die sechs großen Verlustquellen sind

- Anlagenausfälle,
- zu lange Rüst- und Werkzeugwechselzeiten,
- Leerläufe aus Wartezeiten,
- zu lange Taktzeiten wegen zu geringer Antriebsleistung,

- Anlaufschwierigkeiten bei Schichtbeginn,
- unzureichende Präzision der Anlage,

sodass fehlerhafte Stücke entstehen.

WAS BRINGT ES?

Gründliche Vorbereitungen stellen eine vorbeugende Qualitätssicherung dar. Sie wirken sich unmittelbar wirtschaftlich in Form von Einsparungen aus, wie nachfolgend skizziert:

Benchmarking	
Vorteile	Aufwand
Erkenntnisse von vorteilhaften erprobten Lösungen nutzen Vermeidung von Irrwegen	intelligentes Suchen; kombinieren aus verfügbaren Details und kluges Schließen auf die Gesamtheit
„Single Sourcing"	
Einsparung	Aufwand
Techn. Produktbesprechungen*) Preisverhandlungen*) Dispositionen*) *) nur noch mit einem Lieferanten	sorgfältige Auswahl je eines qualitätsfähigen und vertrauenswürdigen Lieferanten • Systemaudit • Produktaudit • Vertrauensmanagement
JiT-Eigenfertigung/Schlanke Produktion	
Einsparung	Aufwand
Materialkosten wegen kürzerer Durchlaufzeit Fehlleistungen • Fehlerkosten – Ausschuss	Maschinenfähigkeit $c_{mk} > 1{,}67$ Prozessfähigkeit $c_{pk} > 1{,}67$

JiT-Eigenfertigung/Schlanke Produktion	
Einsparung	Aufwand
• Fehlerfolgekosten intern – Sortieren – Nacharbeit – Ersatzmaterialbeschaffung – Betriebsmittelbelegung für Nacharbeit – Personaleinsatz für Fehlerbeseitigung	Mitarbeiterqualifizierung Delegation von Verantwortung
Betriebsmittelproduktivität „Total Productive Maintenance“	
Einsparung	Aufwand
Ausbringungsverlust wegen Maschinenstörung Ersatzinvestition für Nichtverfügbarkeit von vorhandenen Betriebsmitteln Ersatzteilaufwand Personalkosten für Überstunden/ Zusatzschichten Qualitätsmängel am Produkt wegen Anlagenverschleiß Verkürzung von Rüstzeiten und Werkzeugwechselzeiten Konventionalstrafe bei Terminüberschreitungen	Systematische Betriebsmittelinstandhaltung (DIN 31 051: Instandhaltung = Wartung + Inspektion + Instandsetzung) Qualifizierung der Maschinenführer dezentrale Verantwortlichkeit der Maschinenführer für die Wartung
JiT-Belieferung	
Einsparung	Aufwand
Wareneingangsprüfung • Prüfpersonal • Prüfbetriebsmittel • Prüffläche Materialzwischenlager	sorgfältige Auswahl eines qualitätsfähigen und vertrauenswürdigen Lieferanten • Systemaudit • Produktaudit • Vertrauensmanagement

Tab. 5: *Aufwände und Einsparungen*

WIE GEHE ICH VOR?

Die geplanten Fertigungsanlagen werden auf ihre Fähigkeit, die Produkte zu erstellen, gemäß Bild 11 untersucht:

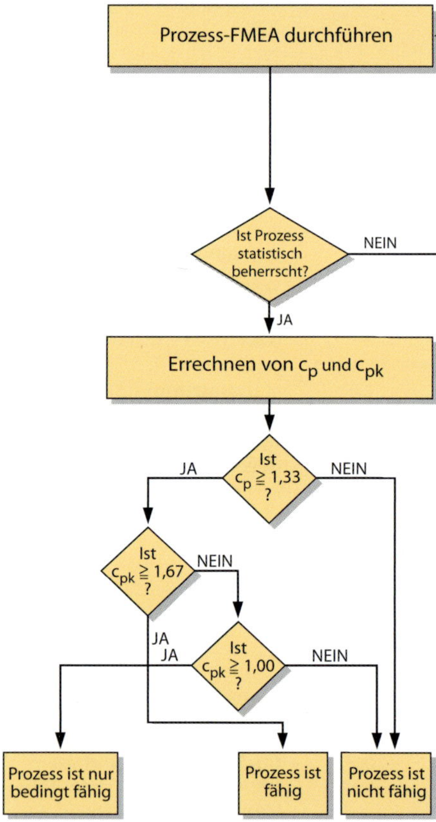

Bild 11: *Ablaufplan zur Fähigkeitsuntersuchung für quantitative (messbare) Qualitätsmerkmale*

Prozessfähig oder Stück-für-Stück-Prüfung?

Ziel der Prozessfähigkeitsuntersuchung ist die Beurteilung der Übereinstimmung des Prozesses mit den vorgegebenen Qualitätsforderungen (auf Zeichnungen, Spezifikationen, Prozessparametern, Produkterprobung u.a.) unter Anwendung mathematisch-statistischer Auswertverfahren.

Das Ergebnis der Prozessfähigkeitsuntersuchung ist entscheidend für die endgültige Festlegung der Prüfmaßnahmen.

• Prozessanalyse mit Parameter Design[1)]	Versuchsbasierte Bestimmung der für die untersuchten Qualitätsmerkmale signifikanten Haupt- und Wechselwirkungen der Produkt- oder Prozessparameter. Nach Definition von Qualitätsmerkmalen und vermutlich einflussreichen Parametern werden Letztere mit Hilfe orthogonaler Felder in mehreren Versuchsreihen variiert und die Ergebnisse graphisch und mit einer stark vereinfachten Varianzanalyse ausgewertet. Daraus lassen sich die signifikanten Produkt- oder Prozessparameter von den insignifikanten unterscheiden und es kann die für einen Maximalwert der Qualitätskenngröße (Signal-Rausch-Verhältnis) vermutlich optimale Kombination der Nennwerte der Parameter ermittelt werden, die in einem Folgeversuch bestätigt werden muss.

• Prozess-FMEA	Der Fertigungsplaner stellt den geplanten Fertigungsprozess zur Diskussion und bittet seine Fachkollegen aus den benachbarten Bereichen um gemeinsame Schwachstellenermittlung, bevor in die Fertigungseinrichtungen investiert wird.
• Poka Yoke-Vorrichtungen	Hilfsvorrichtungen sollen die Aufmerksamkeit der Bediener entlasten, z. B. durch selbsttätiges Ausschalten bei fehlerhafter Fertigung (Sensoren, rechnergeführtes Arbeiten).
• Prozessfähigkeitsuntersuchung	Sobald die Fertigungseinrichtungen betriebsbereit sind, aber noch vor Serienanlauf, ist sicherzustellen, dass der Prozess mit $c_{pk} > 1{,}33$ steht, $$c_p = \frac{\text{Fertigungstoleranz}}{\text{Prozessstreuung } 6\,\sigma}$$ Bei $c_{pk} \leq 1{,}33$ ist zu untersuchen, ob die Enge der Toleranz kundenrelevant ist, bzw. ist die Streuung zu verringern (siehe Parameter Design).
• Streuungsverringerung (ständige Verbesserung)	Erfassen der Einflussgrößen auf den Fertigungsprozess, bei vielschichtigen Vorgängen unter Zuhilfenahme des Ishikawa-Diagramms, Erkennen der Störgrößen, wiederum bei komplexen Zusammenhängen mit Hilfe der Versuchsplanung. Analysieren der Ursachen und ihre Beseitigung. Erst bei Eliminierung der systematischen Störgrößen ist der Fertigungsprozess unter statistischer Kontrolle, d. h. der Mittelwert ist konstant.

• Statistische Prozess-regelung SPC	Nach Serienanlauf zur Beobachtung des Fertigungsprozesses hinsichtlich seiner Streuung. Nahziel: Fertigung innerhalb der Toleranz, nächstes Ziel: ständige Verbesserung zwecks Streuungseinengung.
• Qualitätszirkel – Metaplan-Diskussions-technik – 7 elementare Werkzeuge (7-QC-Tools)	Siehe Kapitel 6.
• Versuchs-planung DoE – Design of Experiments[2)]	Siehe Kapitel 7.
• Maintenance Engineering	Pflege und Wartung der Betriebsmittel nach Plan, um unvorhergesehenen Maschinenausfall zu vermeiden.
• Total Productive Maintenance TPM	Lenkt die Aufmerksamkeit auf die Erhöhung der Anlagenverfügbarkeit. Die Bedeutung steigt mit dem Grad der Automatisierung und konzentriert sich auf die Betriebsmittel, während andere Techniken sich auf die Effizienz der Mitarbeiter beziehen.

1) nach Taguchi und Shainin
2) nach Shainin

Tab. 6: *„Qualitätstechniken" für einen robusten Fertigungsprozess*

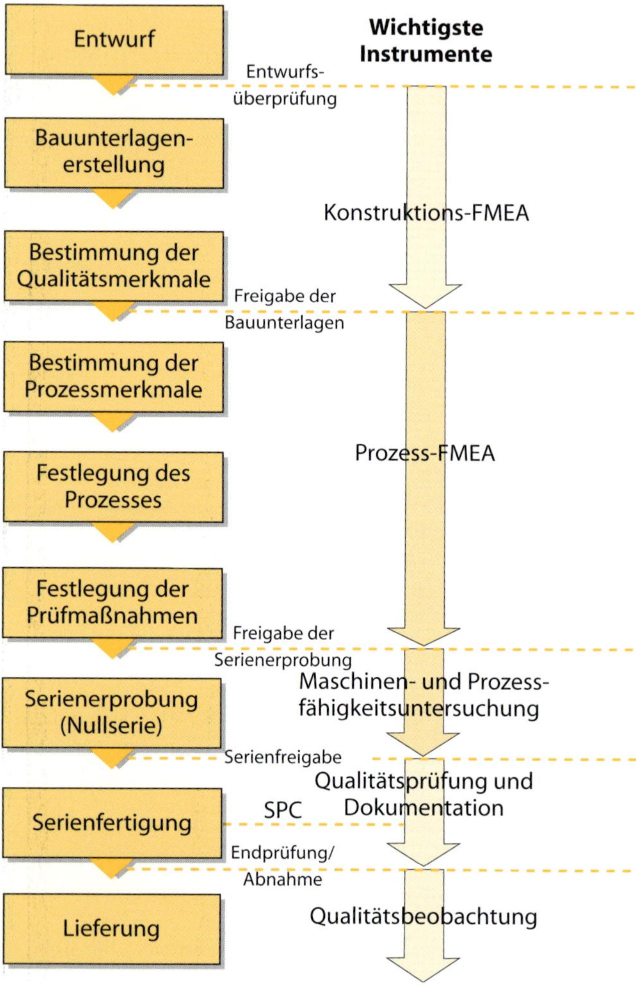

Bild 12: *Vorbereitung eines sicheren Produktionsprozesses*

Der Termindruck bis zum Produktionsstart (Start of Production) SOP verleitet leicht dazu, die Prozessfähigkeit an die zweite Stelle der Prioritätenliste zu setzen. Ausrede: Die Fertigung muss sich erst einlaufen. Später haben wir mehr Zeit zur Optimierung. Die schlechten Teile müssen eben aussortiert werden.

Bei der Berechnung der Maschinenkapazität traut man sich häufig nicht, die Auslastung realistisch anzusetzen: Bei uns gibt es keine Anlagenausfälle, Wartezeiten wegen fehlenden Materials oder fehlender Werkzeuge. Die Folge sind Engpässe, keine Zeit für vorbeugende Wartung, Identifizieren der Störgrößen und ihre Beseitigung.

Eisern bleiben: SOP erst, wenn $c_{pk} > 1{,}67$! Qualität hat für den Kunden die erste Priorität. Wenn der Druck auf dem Kessel bleibt, finden die Techniker auch rechtzeitig die Lösung. Ein qualitätsgesteuerter Anlauf ist mittelfristig billiger als ein stückzahlgesteuerter.

Auch die Toleranzgrenzen bedürfen einer kritischen Betrachtung. Sind sie einerseits eng genug, um Paarungsmaßnahmen in der Montage oder Ersatzteil- und Austauschprobleme im Feld zu vermeiden, und sind sie andererseits so weit wie möglich, um die Fertigung zu erleichtern?

4 Start of Production

WORUM GEHT ES?

Insbesondere für den Anlauf einer Serienproduktion werden üblicherweise eine Anlaufkurve, die möglichst steil verläuft, und ein Tagessoll nach erfolgtem Hochfahren vorgegeben. Deming warnt gerade davor in seinem Punkt 11 von 14:

Verwenden Sie keine Mengenstandards mehr für die Produktion. Ersetzen Sie sie durch Führerschaft. Lassen Sie Management by Objectives fallen, das Vorschreiben von Zahlen bzw. numerischen Zielen.

Ersetzen Sie es durch Führerschaft.

Scherkenbach hat diesen Lehrsatz graphisch umgesetzt.

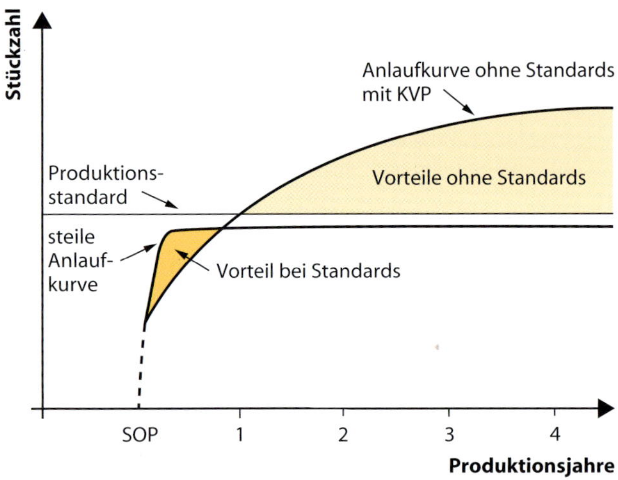

Bild 13: *Anlaufkurven*

WAS BRINGT ES?

Mitarbeiterführung/Vertrauensmanagement	
Nutzen	Aufwand
Abwesenheit vom Arbeitsplatz reduziert sich innere Kündigungen gehen zurück durch steigendes Verantwortungsbewusstsein und Motivation verringert insbesondere die Blindleistung positive Ausstrahlung nach draußen durch Eintreten eines jeden für seine Firma	Mitarbeitern das Unternehmensziel verständlich machen und von seiner Notwendigkeit überzeugen Teilverantwortung an jeweiligen Arbeitsplatz delegieren Enttäuschungen vermeiden Mitarbeiter ermutigen, unterstützen – Coaching Kontinuität dieses Führungsstils auch bei Personalveränderung
Mitarbeiterqualifizierung	
Nutzen	Aufwand
sinnvolle Arbeit macht Freude und motiviert Verantwortungsgefühl macht unentbehrlich verringerte Fehlzeiten bei motivierten Mitarbeitern weniger Ersatzpersonal für Abwesende Inanspruchnahme auch des geistigen Potentials der Maschinen- und Montagearbeiter	Delegation von Mitgestaltungsmöglichkeit und Verantwortung bis einschließlich „ausführender" Ebene den Sinn der Arbeit verdeutlichen Qualifizierung der Mitarbeiter an Erfordernisse des Arbeitsplatzes angleichen („on the job") „wissen können, wollen dürfen" aber auch „job rotation" zur Erweiterung des Horizonts

Tab. 7: *Aufwand und Nutzen von Führung und Qualifizierung*

WIE GEHE ICH VOR?

1. Vermeiden von Standards

Verwenden Sie keine Mengenstandards mehr für die Produktionswerker wie z.B. eine Tagesstückzahl bzw. Stückzeit (Minuten je Teil). Dieses ist zwar üblich und selbstverständlich.

Es ist aber eine gut gemeinte Planvorgabe mit schädlichen Auswirkungen.

Die gleiche Zeitvorgabe für den Durchschnittswerker bedeutet, dass

- ~ 50% der Werker unterfordert werden, aber
- ~ 50% überfordert,

aber während die erstgenannte Hälfte beginnt, oberflächlich zu arbeiten, macht Hast, Nervosität die zweite Hälfte krank.

In beiden Gruppen entstehen Fehler, die zu Ausschuss und Nacharbeit führen.

- Für die 50% unterforderten Werker endet die Schicht zu spät. Sie stehen an der Stechuhr und warten, dürfen aber noch nicht nach Hause.
- Ein Stückzahlsoll hemmt (oder verhindert) Fortschritte in Qualität und Produktivität.
- Ein Stückzahlsoll ist unvereinbar mit „ständiger Verbesserung".
- Lohnsysteme in Serienfertigung beinhalten häufig, dass nach Stückzahl bezahlt wird, nicht nach Gutteilen (Einfluss auf Moral).

Sollvorgaben und Stücklohn offenbaren Unfähigkeit zu führen.

Natürlich hat die Fertigungsplanung bzw. Arbeitsvorbereitung eine Potentialrechnung vorgenommen. Sie basiert auf dem vorhandenen Maschinenpark und den Planwerten für Bearbeitung und Logistik. Mit Hilfe der Verbesserungskapazität unmittelbar vor Ort (z.B. Maschinenführer) ist weiteres Verbesserungspotential zu aktivieren.

Wenn Arbeitsstandards durch gekonntes und intelligentes Führen ersetzt werden, steigen Qualität und Produktivität – und die Mitarbeiter sind zufriedener.

Um dieses System verwirklichen zu können, braucht man die Reduzierung der Produktionszeit.

2. Reduzierung der Produktionszeit

Die Produktionszeit besteht aus Prozesszeit (d.h. Bearbeitungszeit) entsprechend Nutz- und Stützleistung und Wartezeit entsprechend Blindleistung. Zunächst gilt es, die Wartezeit zu reduzieren. Um den Vorrat zwischen den Prozessen zu reduzieren oder zu eliminieren, ist es notwendig, die Teilprozesse zu synchronisieren.

Um die Transportzeit im Produktionsprozess zu reduzieren, gilt es, das Layout zu verbessern. Weiter helfen die schnell arbeitenden Mitarbeiter den langsameren in der Gruppenarbeit (die effektive Teamarbeit). Es gilt, die Produktion von Einzelstücken von Rohmaterialien bis zum fertigen Produkt wie im Fluss und bis zu den Kunden zu liefern und zwar mit einem Minimum von (oder ohne) Vorratshaltung.

3. Eliminierung von Defekten

Um den reibungslosen Produktionsprozess zu garantieren, muss die Entstehung der defekten Produkte entsprechend Fehlleistungen eliminiert werden. Dabei gilt das Fazit: „Von der Inspektion zum Auffinden von Fehlern zur Inspektion zur Fehlervorbeugung“. Dabei sollen „Poka Yoke“, die Quelleninspektion und Selbstinspektion angewendet werden.

4. Eliminierung der technischen Störung

Die „Non-Stock-Produktion“ setzt den Produktionsprozess ohne technische Störung (oder mit möglichst schneller Beseitigung der technischen Störung) der Maschinen voraus. Die Wiederholung der technischen Störung muss durch visuelle Kontrolle („Andon“) und durch die Beseitigung der Störungsquelle vermieden werden.

5. Reduzierung der Zahl und der Arbeitsstunden der Mitarbeiter

Die Arbeit soll durch ständige Verbesserung möglichst leicht (weniger belastend), effizient, sinnvoll, schnell, kurz und billig (preiswert) geleistet werden, und zwar die gleiche Leistung mit immer weniger Mitarbeitern! Es geht dabei u.a. um die Reduzierung der Wartezeit der Mitarbeiter. Die Maschinen können, einmal gekauft, abgeschrieben werden, die Menschen aber nicht! Die Wartezeiten der Maschinen sind weniger kostbar als die eines Mitarbeiters. Daraus entsteht konsequenterweise z.B. Mehrmaschinenbedienung durch einen Mitarbeiter (nach Kobayashi).

6. Target Costing

Die Beschreibung „Kosten + (angemessener) Gewinn = Verkaufspreis“ ist nicht richtig, da der Verkaufspreis vom

Markt (d.h. im Zusammenspiel von Angebot und Nachfrage) entschieden wird. Richtig wäre die Aussage: „Verkaufspreis – Gewinn = Kosten". Wenn das so ist, dann liegt die Quelle des Gewinns in der Reduzierung der Kosten. Die Reduzierung der Kosten ist gleichzusetzen mit der Eliminierung der Verschwendungen.

Zielkosten = Preis – Gewinn

Bei strategisch gesetztem Preis und festgelegten Gewinnerwartungen wird der Selbstkostenrahmen gesteckt. Größter Spielraum liegt in der Bekämpfung von Blind- und Fehlleistungen, aber Potential für Einsparungen schlummert auch in den Stütz- und Nutzleistungen (Bilder 14 und 15).

7. Just in Time produzieren

Der Idealzustand der Produktion ist die Produktion auf Bestellung: die Lieferung der Produkte in gewünschter Zeit, in gewünschter Menge ohne Vorratshaltung der Produkte. Die Beziehung zwischen Bestellung und Lieferung (Produktionszeit) funktioniert aber nicht immer richtig.

Das nächste Produktionssystem ist das sog. „Super-Markt-System", d.h. die Produktion nur der verkauften Produkte. Im Grunde genommen ist sie zwar auch eine Produktion auf Spekulation, weil man die Wahrscheinlichkeit der wiederholten Bestellung der verkauften Produkte annimmt. Wenn aber nicht verkaufte Produkte nicht produziert werden, d.h. nur verkaufte Produkte nachgefüllt werden, reduziert das Super-Markt-System den Vorrat erheblich. Dieses System der Nachfüllung der verkauften Produkte nennt man „Kanban"-System. Eines der Ziele des „Kanban"-Systems liegt in der Eliminierung des Vorrats.

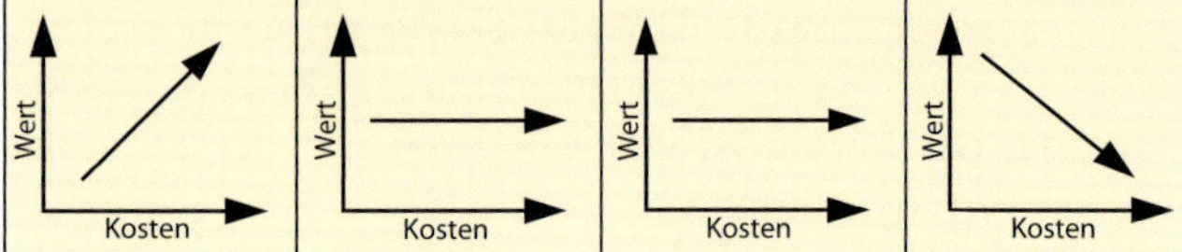

Nutzleistung	Stützleistung	Blindleistung	Fehlleistung
werterhöhend geplant: – Entwicklung – Fertigung – Montage – Kundendienst – …	wertneutral geplant: – Transport – Prüfung – Werkzeugwechsel – Maschinenbestückung – Verwaltung – …	wertneutral ungeplant: – Zwischenlager – Sicherheitspuffer – Konstruktionsänderungen nach Freigabe – Transport zu und von Puffern – …	werterniedrigend ungeplant: – Ausschuss – Nacharbeit – Fehlerfolgen – Störungen – Sortierprüfung – …

Bild 14: *Die vier Prozessleistungsarten*

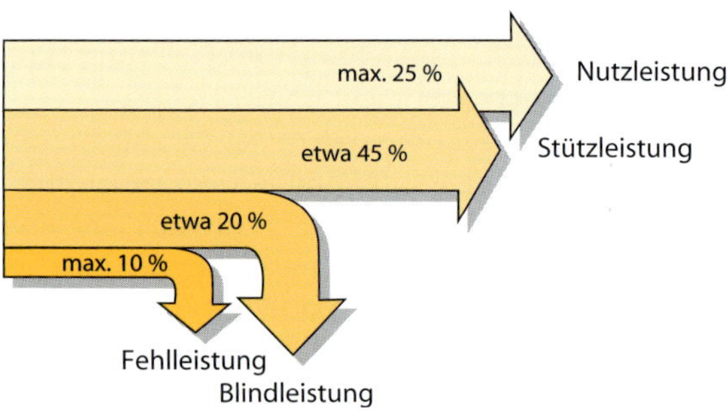

Bild 15: *Verteilung der im Unternehmen erbrachten Leistungen*

8. Poka Yoke – notwendiges Element einer Null-Fehler-Strategie

Poka Yoke wird häufig fälschlicherweise mit „foolproofing“ bzw. „narrensicher“ übersetzt. Die Übersetzung „fehlhandlungssicher“ ist insofern besser, da Poka Yoke unterstellt, dass es in der Natur des Menschen liegt, gelegentlich Fehlhandlungen zu begehen. Poka Yoke sind einfache technische Vorkehrungen oder Einrichtungen und einfache Systeme, die entweder verhindern, dass aus der Fehlhandlung ein Fehler am Produkt wird, oder aber dafür sorgen, dass ein Fehler sofort entdeckt und das Auftreten weiterer Fehler verhindert wird.

Poka Yoke ist immer in Verbindung mit der „Inspektionsmethode“ zu sehen, mit der es kombiniert wird. Sukzessive Inspektion, d.h. Prüfung im unmittelbar folgenden Arbeitsschritt, Selbstprüfung oder die sog. Fehlerquelleninspektion. Bei Letzterer werden Bedingungen „inspiziert“ (Fehlhandlungen), die zu Fehlern führen. **Fehlerausschaltung** gelingt nur durch die Kombination von Poka Yoke-Mechanismen und der Fehlerquelleninspektion. Die genaue Analyse der Kausalkette für Fehler – (menschlicher) Irrtum, Fehlhandlung als Ursache – führt oft zu verblüffend einfachen technischen Lösungen zur Fehlervermeidung. Separate (Zwischen-)Inspektionen in der Fertigung sind vielfach nicht mehr erforderlich bzw. können reduziert werden.

Poka Yoke-Systeme

Ein Poka Yoke-*System* besteht prinzipiell aus drei Elementen, einem *Detektions-*, einem *Auslöse-* und einem *Reguliermechanismus.* Hiervon zu unterscheiden sind Poka Yoke-*Vorkehrungen.* Dies sind Gestaltungsmaßnahmen, die eine

Fehlhandlung selbst ausschließen (z.B. das Kodieren von Steckern für die Montage oder das Installieren eines Positionierstiftes zur Einlegeprüfung).

Detektionselemente von Poka Yoke-Systemen

Hierzu gehören alle Arten von Sensoren und Sensorsystemen wie

- End- und Näherungsschalter,
- Sensoren für Position, Dimension, Form, Druck, Temperatur, Vibration, Farbe oder Strom sowie
- Zähler, Zeitüberwachungseinrichtungen u.a.m.

Auslösemechanismen für Poka Yoke-Systeme

Kontaktmethode:

Hierbei erkennen Sensoren „Fehlhandlungen" in den Arbeitsfolgen zumeist über geometrische Kenngrößen (Lage, Vorhandensein u.Ä.). Der „Kontakt" kann auch berührungslos sein.

Fixwertmethode (Konstantwertmethode):

Bei diesem Ansatz lassen sich „Fehlhandlungen" im Prozess dadurch erkennen, dass das Erreichen einer bestimmten Zahl von Teil-Arbeitsschrittfolgen überprüft wird. Die eingesetzten technischen Mittel sind meist sehr einfach (z.B. einstellbare elektronische Zähler). Ein Beispiel für die Fixwertmethode ist das Bereitstellen der erforderlichen Zahl von Montageteilen. Vergessene Teile werden **automatisch** detektiert und ein entsprechender Reguliermechanismus wird angestoßen (deutliches Warnsignal, Maschinenstopp).

Schrittfolgenmethode:

„Fehlhandlungen" werden über einen Check von erforderlichen Standardbewegungsabfolgen erkannt und ggf. wird der Eingriffs- bzw. Alarmmechanismus angestoßen. Die technischen Hilfsmittel sind auch hier oft sehr einfach (Endschalter, Zähler u.Ä.). Ein Beispiel ist das Sicherstellen einer vollständigen Montage durch „Prüfung" der Entnahme von Teilen (über Schalter) aus einem Regal.

Reguliermechanismen

Eingriffsmethode (Abschaltmethode):

Beim Auftreten von Abweichungen bzw. Situationen, die Fehler zur Folge haben, werden die Maschinen abgeschaltet oder Spann- oder Transportvorrichtungen blockiert, um die Operation anzuhalten. Sofortige Korrekturen sind so möglich. Im Fall einer nachgeschalteten Poka Yoke-Einrichtung wird das Auftreten von Wiederholungsfehlern vermieden.

Alarmmethode:

Hierzu gehören alle Arten von deutlich vernehmbaren, optischen und akustischen Hinweisen auf fehlerträchtige Situationen bzw. das Auftreten eines Fehlers.

Zusammenfassung

Die bisherigen Ausführungen können stichwortartig wie folgt zusammengefasst werden:

1. Schlanke Produktion zwecks Kostenreduzierung.
2. Eliminierung der sieben Verschwendungen:
   - Verschwendung durch Überproduktion führt zur Lagerhaltung und bindet Werte.

- Verschwendung durch Warten wird gemindert durch Verkürzung der Wechselzeit, Multifunktionalisierung der Mitarbeiter.
- Verschwendung durch Transport vermeidet man durch Verbesserung von Layout, Rationalisierung der Transportwerke und -methoden.
- Verschwendung im Prozess selbst wird bekämpft durch ständige Verbesserung.
- Verschwendung in Bewegung wird ersetzt durch sinnvolle (Mehrwert bringende) Bewegung der Werker, Anpassung der Werkzeuge an den Menschen.
- Verschwendung durch defekte Produkte vom Sortieren von der Inspektion zur vorbeugenden Qualitätssicherung.
- Selbstkontrolle der Mitarbeiter, aber mit „Poka Yoke".
- Verschwendung durch Vorrat zur „Non-Stock-Produktion" durch Kleine-Mengen-Produktion, Synchronisierung und Ein-Stück-Fluss-Operation, Reduzierung der Produktionszeit (d.h. der Vorbereitungs-, Prozess-, Werkzeug-, Wechsel- und Wartezeit) und Reduzierung der Logistikzeit (= Verschwendung durch Verspätung!).

Der Begriff „Schlanke Produktion" ist verführerisch. Wer wollte sie nicht haben? Die Voraussetzungen werden nicht immer erkannt, ganz besonders die des Führungsstiles.

Sprunghaftigkeit überintelligenter Chefs in Unternehmenspolitik und Zielsetzung sind bei größeren Unternehmen der Tod einer organischen Entwicklung zur Beseitigung von Verschwendungen.

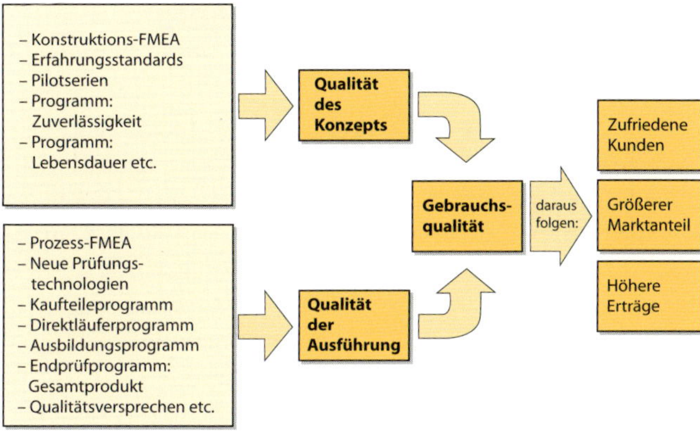

Bild 16: *Produkt- und Prozessqualität*

Erinnern Sie sich einiger Lehrsätze:
Qualität entsteht aus Technik und Geisteshaltung, Constancy of Purpose und Steady Improvement.
Die Schlanke Produktion entsteht nur durch Mitwirkung aller, sie bedarf der Beharrlichkeit über viele Jahre mit einem sensiblen, da fragilen Führungsstil.

5 Prozesse statistisch regeln

WORUM GEHT ES?

Die Statistische Prozessregelung, SPR (engl. Statistical Process Control, SPC) ist eine auf mathematisch-statistischen Grundlagen beruhende Qualitätstechnik, die bereits in den 20er Jahren des vorigen Jahrhunderts in England entwickelt worden ist. Nach dem Zweiten Weltkrieg wurde die SPR intensiv in Japan und auch in Europa eingesetzt, vor allem um in der Massenfertigung laufende Fertigungsprozesse zu regeln.

Auf die Prozesse in einem Produktionsbetrieb wirken verschiedene Einflüsse, die dazu führen, dass die Istwerte einer Streuung unterliegen. Dabei werden systematische und zufällige Einflüsse unterschieden. Systematische Einflüsse treten unregelmäßig auf und beruhen auf Ursachen, die gefunden und abgestellt, also beeinflusst werden können. Das Auftreten von zufälligen Einflüssen ist auf die natürliche Streuung von Prozessen zurückzuführen und in der Regel nicht beeinflussbar, aber weitgehend stabil und vorhersagbar. Das Verhalten von Prozessen wird anhand der statistischen Größen Mittelwert bzw. Median einerseits und Standardabweichung oder Spannweite andererseits charakterisiert und kann als Verteilungsfunktion dargestellt werden. Eine häufig anzutreffende Form ist die Normalverteilung (auch Gaußverteilung).

Wird ein Prozess über längere Zeit beobachtet und treten keine systematischen, sondern lediglich zufällige Einflüsse auf, so wird dieser als *beherrscht* bezeichnet. Dieses ist die Voraussetzung für die Anwendung von SPR.

WAS BRINGT ES?

Bei der Statistischen Prozessregelung werden schon vom Bediener der Bearbeitungsmaschine die kritischen Maße erfasst. Bei Abweichungen vom gewünschten Verhalten des Prozesses greift er selbstverständlich ein. Vermieden wird dadurch die Weitergabe von fehlerhaften Teilen. Es erübrigt sich zudem im Regelfall die Stück-für-Stück-Prüfung am Ende des Fertigungsprozesses.

WIE GEHE ICH VOR?

Qualitätsregelkarten

Um das Verhalten des laufenden Prozesses zu überwachen, werden Qualitätsregelkarten eingesetzt. Dazu werden aus den Stichproben Mittelwert und Spannweite ermittelt und in die Regelkarten eingetragen, um daraus Rückschlüsse auf den Fertigungsprozess zu ziehen. In der Praxis haben sich verschiedene Regelkarten bewährt, wobei man Karten für variable Merkmale (z.B. Durchmesser einer Welle in Millimeter) und solche für attributive Merkmale (z.B. Kratzer vorhanden oder nicht) unterscheidet.

Urwertkarte

Die Grundform der Qualitätsregelkarte für variable Merkmale, die Urwertkarte, stellt nacheinander gewonnene Messergebnisse von Stichproben über der Zeit dar. Diese Messwerte x_i streuen dabei um den Mittelwert $\overline{x}$, der im Idealfall dem Sollwert entspricht.

Zur Konstruktion der Urwertkarte werden zunächst parallel zur Abszisse der Sollwert des Qualitätsmerkmals sowie die oberen und unteren Warn- und Eingriffsgrenzen festgelegt. Im Allgemeinen wählt man, abgeleitet aus den Ergebnissen der Prozessfähigkeitsuntersuchung, einen Abstand von $\pm 2\,\sigma$ für die Warngrenzen und $\pm 3\,\sigma$ für die Eingriffsgrenzen. Die Wahrscheinlichkeit dafür, dass ein zufällig gezogenes Element einer normal verteilten Grundgesamtheit die Warngrenze überschreitet, beträgt dann 5%. Die Wahrscheinlichkeit für das Überschreiten der Eingriffsgrenzen beträgt 0,3%.

Mittelwertkarten

Entnimmt man dem Prozess laufend Stichproben und errechnet daraus deren Mittelwerte, so ist festzustellen, dass die Verteilung dieser Mittelwerte eine geringere Streuung aufweist als die Verteilung der einzelnen Stichproben. Auch wenn die Istmaße in einem Fertigungslos nicht normal verteilt sind, nähert sich die Verteilung der Mittelwerte der Stichproben mit wachsendem Stichprobenumfang einer Normalverteilung an. Für die Betriebspraxis genügt ein Stichprobenumfang von $n = 5$, um mit ausreichender Genauigkeit die mathematischen Eigenschaften der Normalverteilung auf die Verteilung der Stichproben-Mittelwerte anzuwenden. Mittelwertkarten zeigen eine Lageveränderung des Produktionsprozesses schneller an als Einzel- oder Urwertkarten. Aus diesem Grund werden heute für die Statistische Prozessregelung überwiegend Mittelwertkarten mit arithmetischem Mittel ($\bar{x}$) oder Median ($\tilde{x}$) eingesetzt.

Um die Warn- und Eingriffsgrenzen zu berechnen, müsste man die Verteilung der Grundgesamtheit ermitteln. Da man aber im Allgemeinen weder Mittelwert noch Streuung der Grundgesamtheit kennt, muss man diese Parameter mittels Stichproben schätzen. Für den Mittelwert kann man als gute Näherung den Hauptmittelwert $\bar{\bar{x}}$ aus mindestens 20 Stichproben setzen. Für die Schätzung der Streuung gibt es ebenfalls zwei Möglichkeiten: Entweder man verwendet die mittlere Standardabweichung $\overline{s}$ einer Reihe von Stichproben oder man setzt deren mittlere Spannweite $\overline{R}$ ein.

Zur Konstruktion der vielfach verwendeten $\overline{x}$-R-Karte werden aus den Ergebnissen der Prozessfähigkeitsuntersuchung die Warn- und Eingriffsgrenzen mit folgenden Formeln berechnet:

$$OEG_{\overline{x}} = \overline{\overline{x}} + A_2 \cdot \overline{R} \quad \text{und} \quad OEG_R = D_4 \cdot \overline{R}$$

$$UEG_{\overline{x}} = \overline{\overline{x}} - A_2 \cdot \overline{R} \qquad\quad UEG_R = D_3 \cdot \overline{R}$$

Die Werte für die Konstanten A_2, D_4 und D_3 bzw. A_3, B_3 und B_4 werden in Abhängigkeit vom Stichprobenumfang den jeweiligen Tabellen entnommen (Beispiel Tabelle 4).

Regelkarten für attributive Merkmale

Die variable Stichprobenprüfung ist der attributiven im Allgemeinen überlegen, denn Veränderungen im Prozess können frühzeitig und ohne großen Aufwand erkannt werden. Dies ist natürlich nur möglich, wenn es sich bei dem Qualitätsmerkmal um eine quantitativ ausgeprägte Größe handelt. Falls dies nicht der Fall ist, werden Regelkarten für attributive Merkmale eingesetzt.

Im Gegensatz zu Mittelwertkarten muss bei Qualitätsregelkarten für attributive Merkmale der Stichprobenumfang auf mindestens $n = 20$ erhöht werden, um eine genügende Aussagesicherheit zu erhalten. Der Mittelwert des Prozesses wird als gewogenes Mittel einer Vorlaufbeobachtung über die 20 Stichproben errechnet. Zur Berechnung der Warn- und Eingriffsgrenzen sind die Gesetze zu den diskreten Verteilungen zu beachten (Binomial-, Poissonverteilung).

Interpretation der Regelkarten

Die eigentliche Regelung des Prozesses erfolgt schließlich aufgrund der Auswertung der Regelkarte nach vorgegebenen Entscheidungsmustern. Es lässt sich statistisch nachweisen, dass eine Folge von sieben Werten unterhalb bzw. oberhalb des Mittelwertes (sog. *Run*) einen systematischen Einfluss haben muss, da die Wahrscheinlichkeit für eine solche einseitige Häufung sehr klein wäre. Ebenso verhält es sich bei sieben Werten in einer Richtung (sog. *Trend*) oder bei einer Häufung von Werten nahe dem Mittelpunkt bzw. nahe den Eingriffsgrenzen. In letzterem Fall muss man davon ausgehen, dass die Eingriffsgrenzen falsch berechnet wurden. Bei jeder Abweichung vom normalen Prozessverhalten müssen entsprechende Maßnahmen ergriffen werden, d.h. der Prozess muss gestoppt und nachgeregelt werden.

Einfache Prozessregelung

Eine stark vereinfachte Form der Regelkartentechnik wird als *Einfache Prozessregelung* (EPR) bezeichnet. Das Verfahren wurde 1954 von einem Team amerikanischer Statistiker eingeführt (Bothe). Die EPR ist eine Technik, die warnt, bevor der Prozess mit großer Wahrscheinlichkeit eine oder mehrere Einheiten außerhalb des Toleranzbereichs erzeugt. Der Einsatz wird insbesondere empfohlen, um Prozesse zu überwachen, die zuvor mit den Verfahren des Design of Experiments sicher gemacht und deren Toleranzen bereits optimiert worden sind.

Das Prinzip der Einfachen Prozessregelung entspricht dem der Statistischen Prozessregelung, das Verfahren ist jedoch erheblich leichter zu handhaben. Zur Erstellung einer EPR-Regelkarte werden zunächst nach folgendem Schema die Warn- und Eingriffsgrenzen ermittelt: Bei einem zweiseitig tolerierten Qualitätsmerkmal wird der Toleranzbereich des zu prüfenden Qualitätsmerkmals in vier Bereiche aufgeteilt. Die beiden Bereiche um den Sollwert herum bilden den Beobachtungsbereich (grüne Zone), die beiden äußeren Viertel innerhalb der Toleranz bilden den Warnbereich (gelbe Zone) und die Bereiche außerhalb der Toleranzgrenzen den Eingriffsbereich (rote Zone).

Nachdem der Prozess angelaufen ist, werden fünf aufeinander folgende Teile entnommen und vermessen. Liegt nur ein Wert in der gelben oder roten Zone, muss die Maschineneinstellung überprüft und korrigiert werden. Die Startprozedur wird so lange wiederholt, bis alle Teile in der grünen Zone liegen. Wenn dies der Fall ist, wird angenommen, dass der Prozess unter Kontrolle ist.

Kritisch sollte an dieser Stelle angemerkt werden, dass aufgrund des beschränkten Stichprobenumfangs aus der Startprozedur nicht ohne weiteres auf eine ausreichende Prozessfähigkeit geschlossen werden kann. Die EPR eignet sich damit nur für Prozesse, die hinsichtlich der Toleranzen bereits optimiert und unter statistischer Kontrolle sind.

Die Statistische Prozessregelung in der Hand der Maschinenbediener verlangt neben der entsprechenden Qualifikation in messtechnischen Arbeiten das unbedingte Vertrauen in die Ehrlichkeit der Werker.

Die Regelung mittels Statistik ist erst zulässig, wenn $c_{pk} > 1{,}67$ ist.

6 Problemlösungskapazität schaffen

WORUM GEHT ES?

Was sind Qualitätszirkel?

Qualitätszirkel bestehen aus einer Gruppe von fünf bis acht Mitarbeitern eines Arbeitsbereiches, die sich freiwillig – meist wöchentlich – während der Arbeitszeit treffen.

Sie besprechen Probleme, die an ihrem Arbeitsplatz oder in ihrer Abteilung auftreten und somit ihre **Arbeitsleistung** und **Motivation** beeinflussen. Sie gehen strukturiert, d.h. unter Anwendung von Qualitätstechniken, vor.

Die Teilnehmer untersuchen Probleme, machen Lösungsvorschläge oder nehmen selbst die erforderlichen Änderungen vor.

Diese Mitarbeiter bilden damit eine Problemlösungskapazität, die für ihre Arbeitsumgebung besonders qualifiziert ist. Qualitätszirkel sind unternehmensweit einsetzbar, besonders wertvoll sind sie in den Produktionsstätten, wenn hier nicht ohnehin in Gruppen gearbeitet werden kann.

Warum Qualitätszirkel?

Drei Zielsetzungen:

- Qualitätszirkel als Lernprozess
- Möglichkeit, einen persönlichen Bezug zur Arbeit und Leistung zu bekommen
- Erhöhung der Produktivität, Verbesserung der Qualität und dadurch Sicherung des Arbeitsplatzes.

WAS BRINGT ES?

Der Einsatz von Qualitätstechniken und ihr Einbringen in den Kontinuierlichen Verbesserungsprozess im Rahmen von

Qualitätszirkeln ermöglichen erhebliche Einsparungen. Das Umfeld für Führungskräfte und Mitarbeiter bedarf einer entsprechenden Anpassung, z.B. durch Qualifizierungsmaßnahmen, wie im Folgenden als Aufwand aufgeführt.

Qualitätstechniken nutzen	
Einsparungen	Aufwand
kürzere Entwicklungszeit für neue Produkte	Schaffen einer positiven Geisteshaltung der Belegschaft zur Akzeptanz der Qualitätstechniken
geringere Anlaufkosten bei Produktionsstart	Nutzen von Ergebnissen aus der Anwendung Qualitätstechniken als Führungs- und Entscheidungsbasis zur Durchsetzung der Anwendung
Vermeiden von Ausschuss durch qualitätsfähige Prozesse geringere Gewährleistungskosten durch ausgereifte Konstruktion	fachspezifische Schulung der Mitarbeiter • „House of Quality" QFD/HoQ • Fehlermöglichkeits- und -einflussanalyse für Produkt- und Prozess-FMEA • „Robust Design" • Elementare Analysewerkzeuge Q7 • Managementwerkzeuge M7 • Gruppenarbeit

Kontinuierlicher Verbesserungsprozess	
Einsparung	Aufwand
Eingespart wird Ingenieurkapazität bzw. steht für andere Aufgaben zur Verfügung durch Nutzen der Problemlösungskapazität der ausführenden Ebene. Kontinuierlich heißt wöchentlich eine Zusammenkunft 1½–2 Stunden lang. Bei Anwendung von Fehlererfassungs- und -analysetechniken (Q7) werden Verbesserungen jeder Art erarbeitet. Nach jeweils fünf Wochen sollte das Ergebnis spätestens vorliegen.	Schaffen des Problembewusstseins bei den Mitarbeitern als Boden für selbst gewollte Veränderungen Organisation von Gruppenarbeiten (Termin, Dauer, Raum, Hilfsmittel) Ausbildung von Moderatoren, Schulen der elementaren Werkzeuge Q7

Tab. 8: *Aufwand und Einsparungen bei KVP*

WIE GEHE ICH VOR?

Qualitätszirkel müssen organisiert werden (Bild 17).

Methoden betrieblicher Weiterbildung zur Schaffung von Kapazität für Problemlösungen

Die Effizienz des Einsatzes neuer Technologien wird entscheidend dadurch mitbestimmt, ob die Belegschaften über adäquate Qualifikationen verfügen und wie die Arbeit organisiert wird. Geht man davon aus, dass steigende Komplexität der Arbeit, beschleunigte Innovationsgeschwindigkeit und moderne Führungssysteme eine hohe Arbeitsteilung immer weniger zulassen werden, dann steigt die Bedeutung der Handlungsfähigkeit kleiner Produktionseinheiten. Dies gilt insbesondere für die Gestaltung von flexibel automatisierten Produktionsabläufen und Fertigungsstrukturen.

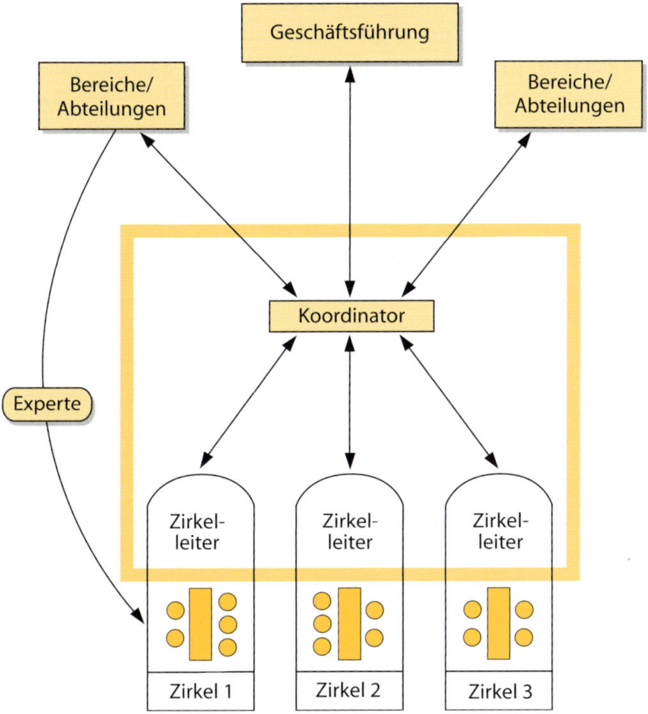

Bild 17: *Organisationsmodell der Qualitätszirkel**

** Quelle: Strombuch, Manfred*

Für die betriebliche Bildungsarbeit ergeben sich folgende Zielsetzungen:

- „Mehr fachliche Souveränität der Industriearbeit unmittelbar vor Ort durch **Aufgabenintegration** (beispielsweise von vorbeugender Instandhaltung und Störungsbeseitigung, Qualitätssicherung) schaffen,
- soziale Qualifizierungsprozesse durch Einrichtung von **Fertigungsteams** und mehr Gruppenarbeit ermöglichen sowie
- die traditionell vorherrschende Trennung in weniger qualifizierte Produktionstätigkeiten und qualitativ höherwertige produktionsvorbereitende oder -begleitende Fachtätigkeiten aufweichen."

Informationswerkstatt – Werkstattkreis

Eine deutsche Abwandlung der Qualitätszirkel sind Informationswerkstatt und Werkstattkreis. Die Namen sind zugleich Programm: Der Zirkelarbeit vorgeschaltet ist eine Informationsphase, und diese Qualitätszirkelbewegung ist schwerpunktmäßig den Werkern in den Produktionsstätten vorbehalten. Ersteres führt Vorgesetzte und Mitarbeiter an die Gruppenarbeit heran und informiert über Absichten und Vorgehensweise (Motivation), das Zweite ist der eigentliche Qualitätszirkel.

Mit der „Informationswerkstatt" wird also didaktisch das Ziel verfolgt, gleichzeitig

- Wissen über die neuen Tätigkeits- und Verantwortungsbereiche zu vermitteln,
- einen Erfahrungsaustausch unter den Betroffenen der mittleren und unteren Führungsschicht hierüber herbeizuführen und

- das Nachdenken über Verbesserungen des vorhandenen Zustandes anzuregen.

Da es bei der Informationswerkstatt vor allem um den Einbezug der Beteiligten geht, liegt die Betonung der Veranstaltungsform auf der Gruppendiskussion.

Als Veranstaltungsdidaktik werden die interaktionellen Gesprächstechniken von Metaplan verwandt. Mit ihnen wird eine möglichst große Beteiligung der Teilnehmer hergestellt. „Statt Lehrer, die ihr Wissen ausbreiten, fördern Moderatoren den interaktionellen Prozess, der auf Lernpartnerschaft abhebt.“

Interaktionelle Gespräche werden durch die Wahl des richtigen Raumes sehr erleichtert: Er soll eher einem Pausenraum, nicht einem Unterrichtsraum gleichen. Um frei im Raum stehende, kleine Tische sind vier bis fünf Sitzplätze angeordnet worden. In der Mitte stehen die Stecktafeln, auf die sich die Konzentration der Teilnehmer richtet.

Gegenüberstellung INFORMATIONSwerkstatt – WerkstattKREIS

Die Begriffe „Informationswerkstatt“ und „Werkstattkreis“ sind Begriffsbestimmungen, um zu dokumentieren, dass es sich um richtungweisende Aktivitäten handelt.

In den beiden Veranstaltungsreihen steht der Mitarbeiter des Betriebes im Mittelpunkt, dessen Fähigkeiten, Einfallsreichtum und Initiative es verstärkt anzuwenden gilt.

Die wesentlichen Unterschiede der beiden Veranstaltungsreihen sind im Bild 18 gegenübergestellt:

Informationswerkstatt

Beteiligte:

Top Management

mittleres Management

Moderatoren:

unteres Management

Durchführung:

- einmalige Veranstaltungsreihe in jedem Fertigungsbereich.
- Zusammenkünfte von ca. 2 h zu jeweils abgeschlossenen Themen.

Ziele:

- Förderung des Qualitätsdenkens.
- Überwindung der Verantwortungstrennung in Qualität und Stückzahl.
- Verbesserung der Kommunikation.
- Aufklärung über Zusammenhänge des Fertigungsprozesses.
- Aufwertung der Meister- und Vizemeisterfunktion.

Bild 18.1: *Teilnehmer an der Informationswerkstatt*

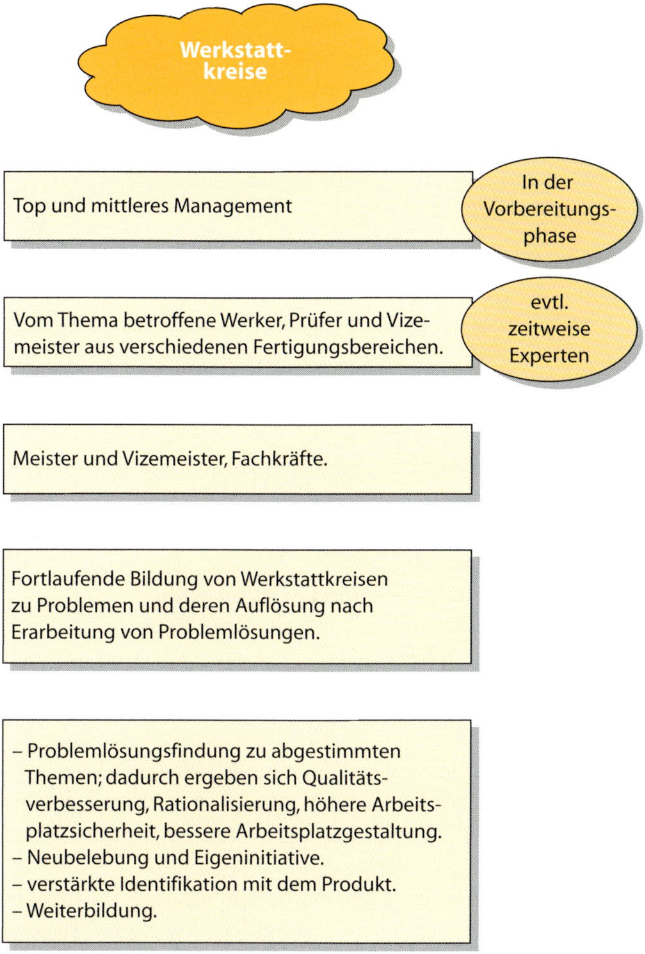

Bild 18.2: *Teilnehmer am Werkstattkreis*

Die Infowerkstätten werden für die Führungsschicht der Unterabteilungsleiter, der Meister und der Vizemeister entwickelt und auch von *allen* Mitarbeitern dieser Führungsebenen besucht. Sie kommen zusammen, um über allgemeine Themen wie z.B.

- Fehler und ihre Auswirkungen, z.B. Anlernen,
- Qualitätsmaßstab …

zu diskutieren, ihre Meinung dazu einzubringen und evtl. daraus einen gemeinsamen Vorschlag zu erarbeiten.

In jeder Zusammenkunft wird ein Schwerpunktthema bearbeitet. Die Ziele der Infowerkstätten bestehen verstärkt in

- **der Förderung des Qualitätsdenkens (Qualität erzeugen, nicht erprüfen),**
- **der Überwindung der Verantwortungstrennung in Qualität und Stückzahl,**
- **der verbesserten Kommunikation zwischen Produktion und Qualitätswesen,**
- **der verstärkten Motivation der Mitarbeiter,**
- **der Förderung der Eigeninitiative der Mitarbeiter,**
- **der erhöhten Identifikation mit der Aufgabe und mit dem erzeugten Produkt und**
- **der Vorbereitung der Werkstattkreise.**

Die Werkstattkreise dagegen werden vorwiegend von den Aktivitäten der Werker geprägt. Durch diese Veranstaltung soll gerade ihr Wissen und Einsatz intensiv und nachhaltig genutzt werden.

Die Werkstattkreise bilden sich, um zu einem vorliegenden Problem eine Lösung zu suchen. Dies kann aus Gründen der Qualitätsverbesserung, der Rationalisierung, der Erhöhung der Sicherheit am Arbeitsplatz, der besseren Gestaltung des Arbeitsplatzes oder anderen Beweggründen geschehen.

Dass sich dabei die Werker nebenbei weiterbilden und sich über andere Probleme informieren, ist ein kostbares Nebengeschenk sowohl für den Einzelnen als auch für die Firma.

Beide Veranstaltungen arbeiten vordringlich unter dem Motto, nicht Schuldige zu suchen, sondern vielmehr die Ursache für aufgetretene Fehler zu finden, zu analysieren und Vorkehrungen zur Abstellung zu treffen.

Als Fazit kann festgehalten werden, dass vor allem im Zusammenhang mit den neuen Produktionstechniken eine erhöhte und qualitativ neue Lernbereitschaft gefordert ist. Durch die betriebliche Erstausbildung, die auf mehr Selbstständigkeit und verbesserte Kooperationsfähigkeit abzielt, durch neue Organisationsformen im Betrieb, die arbeitsbezogenes Lernen ermöglichen, wird im Rahmen betrieblicher Bildung methodisch versucht, dem Erfordernis lebenslangen Lernens zu entsprechen. So stehen die Betriebe mit flexibel automatisierter Produktion zunehmend vor der Notwendigkeit, ein „ganzheitliches betriebliches Bildungskonzept" zu entwickeln, das u.a. folgende Elemente miteinander verbindet:

- Förderung des fachlichen Lernens (arbeitsplatz- und abteilungsbezogene Schulung),
- Förderung des sozialen Lernens (Qualitätszirkel, Lernstatt),
- Einsatz rechnergestützter Lehrmaterialien (selbst instruierendes Lernmaterial),
- didaktische Strukturierung der produktspezifischen Anpassungsfortbildung (Kundenschulung).

Eine derartige betriebliche Bildungskonzeption will die technologischen Entwicklungen nicht nur begleiten, sondern richtet ihr Interesse darauf, absehbare Innovationen inhaltlich und auch zugleich methodisch vorzubereiten.

Eine aggressive Form des Kontinuierlichen Verbesserungsprozesses ist KVP^2 (lies KVP Quadrat).

Im Sinne eines Reengineering, einer sprunghaften Veränderung und Verbesserung, wird das Verfahren komprimiert. Ein Qualitätszirkel erhält sehr ehrgeizige Aufgaben mit messbaren Kriterien,

z. B. um 30%ige Kürzung der Fertigungszeit,
um 25% kürzere Durchlaufzeit,
um 50% geringere Lagerfläche,
um 10% verringerte Teilevielfalt
oder fehlerfreie Fertigung
usw.

Die Teilnehmer werden für eine Woche freigestellt. Das Tagesprogramm könnte wie folgt lauten:

- Montag: Definition, Istaufnahme
- Dienstag: Analyse, Brainstorming, Benchmarking
- Mittwoch: Diskussionen über „Verschwendung“ mit dem Ziel der Verbesserung
- Donnerstag: Umsetzung, Vorschläge vor Ort
- Freitag: Präsentation vor Prozessleiter (Process Owner)

Die Q7

Zur Systematisierung der Arbeit im Qualitätszirkel ist der Einsatz der elementaren Werkzeuge der Qualitätssicherung sinnvoll.

Allgemeines

Die Elementaren Werkzeuge der Qualitätssicherung werden meist als „die“ sieben Qualitätswerkzeuge (Q7) bezeichnet und wurden ursprünglich von dem Japaner *Ishikawa* zur Anwendung in Qualitätszirkeln zusammengestellt. Sie dienen zur systematischen Erfassung von Daten und zur Visualisierung und Analyse der Erhebungsergebnisse. Mit Ausnahme des Ursache-Wirkungs-Diagramms waren sie schon vorher bekannt und wurden für die Qualitätssicherung eingesetzt. Die eigentliche Neuerung lag in der systematischen Anwendung mehrerer oder aller Werkzeuge zusammen. Denn obwohl jedes für sich anwendbar und wirksam ist, sind die Werkzeuge in dieser Zusammenstellung besonders effektiv.

Die Qualitätswerkzeuge werden in einer festgelegten Reihenfolge angewendet, um die Problemlösung zu strukturieren und zu systematisieren. Das zugrunde liegende Vorgehensmodell wird dabei als erstes der sieben Werkzeuge verstanden. Weitere Qualitätswerkzeuge unterstützen die Datensammlung, die Auswertung und Visualisierung der Ergebnisse, das Erarbeiten von Lösungsalternativen und die Beobachtung der Lösung mit dem Ziel der ständigen Verbesserung des erreichten Niveaus.

Vorgehensmodelle

Als Grundlage für den Einsatz von Qualitätstechniken stehen verschiedene Phasenschemata zur Verfügung, die entsprechend der Problemstellung ausgewählt werden. Allen Modellen gemeinsam ist die konsequente, sequentielle Vorgehensweise sowie die Rückkopplung der einzelnen Schritte. Alle beteiligten Mitarbeiter sollten bereits in dieser Phase einbezogen werden, um einerseits ihre Ideen berücksichtigen zu können, andererseits, um Einführungswiderstände zu vermeiden.

Aufnahmebögen

Als Hilfsmittel für die vollständige Erfassung und Strukturierung von Daten werden verschiedene Formen von Aufnahmebögen eingesetzt. Mit ihnen werden Daten (z. B. Fehler) nach Art und Anzahl erfasst, wobei noch keine Rückschlüsse auf den Grund der Entstehung der Daten und deren zeitliche Abfolge berücksichtigt werden. Die erhobenen Daten dienen als Eingangsgröße für weitere Werkzeuge wie z. B. Diagramme.

Gebräuchliche Formen von Aufnahmebögen sind u. a. Fehlersammelkarten und Checklisten. Mit Fehlersammelkarten wird die Häufigkeit von Fehlern in vorbestimmten Fehlerklassen mittels einer Strichliste erfasst. Checklisten dienen zur Überprüfung des Vorhandenseins bzw. der Ausprägung bestimmter vorgegebener Merkmale.

#	Fehlerart	Anzahl
1	*Kratzer*	*卌 II*
2	*Korrosion*	*IIII*
3	*Lackfehler*	*卌 卌 II*
4	*Risse*	*III*
5	*Sonstiges*	*卌*

Bild 19: *Fehlersammelkarte*

Histogramm

Das Histogramm ist ein Säulendiagramm, mit dem die Häufigkeitsverteilung von zu Klassen zusammengestellten Daten graphisch dargestellt wird. Auf der Abszisse werden die Klassen oder Merkmale eingetragen, auf der Ordinate die

Häufigkeit. Die Fläche der Säule ist hierbei proportional zur jeweiligen Klassenhäufigkeit, sofern die Klassen gleich breit gewählt wurden. Die Anzahl der Klassen sollte der Übersicht halber zwischen fünf und 25 liegen.

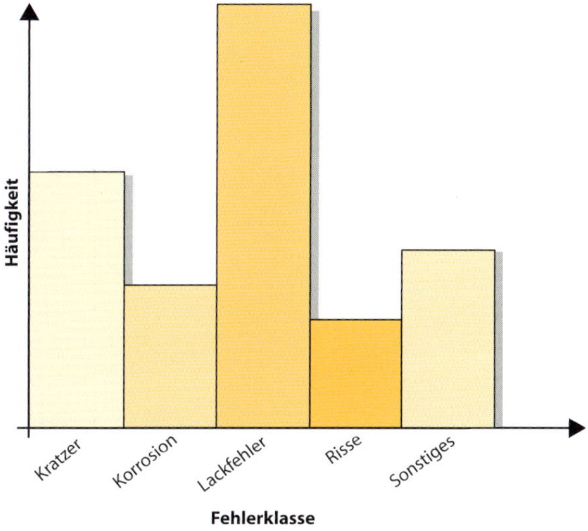

Bild 20: *Histogramm*

Korrelationsdiagramm

Das Korrelationsdiagramm dient zur Überprüfung eines vermuteten Zusammenhangs zwischen zwei Variablen (Merkmalspaar). Hierzu trägt man das Merkmalspaar in ein Koordinatensystem ein und erhält eine Punktwolke. Kann durch diese Wolke eine Gerade gelegt werden, so korrelieren die Merkmale – je nach Steigung der Geraden – in positiver ($0 < r < 1$) oder negativer ($-1 < r < 0$) Richtung. Ist dies nicht möglich, so liegt kein Zusammenhang zwischen ihnen vor ($r = 0$).

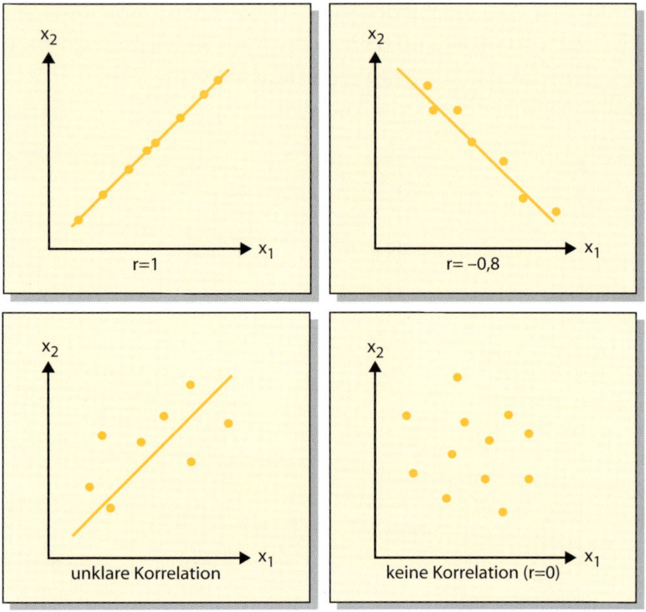

Bild 21: *Korrelationsdiagramme*

Pareto-Diagramm

Das Pareto-Diagramm ist eine Sonderform des Histogramms. Der wesentliche Unterschied besteht darin, dass die einzelnen Fehler hier nicht nur nach ihrer absoluten Anzahl, sondern zusätzlich auch nach ihrer relativen Bedeutung geordnet werden. Dadurch können diejenigen Fehler lokalisiert werden, die für den größten Teil der Auswirkungen, z.B. der entstehenden Kosten, verantwortlich sind.

#	Fehlerart	Anzahl n	Fehlergewicht G	n · G
1	*Kratzer*	*𝍸 II*	*3*	*21*
2	*Korrosion*	*IIII*	*1*	*4*
3	*Lackfehler*	*𝍸𝍸II*	*5*	*60*
4	*Risse*	*III*	*9*	*27*
5	*Sonstiges*	*𝍸*	*1*	*5*

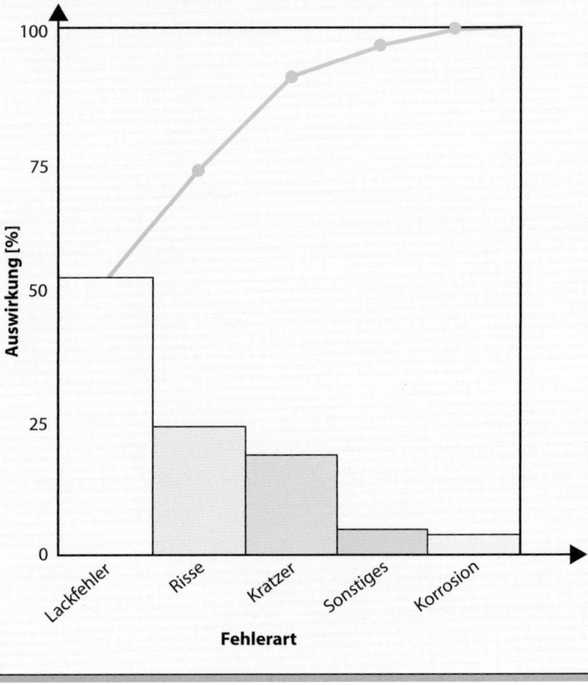

Bild 22: *Gewichtung der Fehler und Pareto-Diagramm*

Es ist empirisch belegt, dass nur 20–30 % der Fehlerarten 70–80 % der Fehler ausmachen (Pareto-Regel). Die größtmögliche Wirkung kann also erzielt werden, indem diese Fehler zuerst beseitigt werden.

Ursache-Wirkungs-Diagramm

Ursache-Wirkungs-Diagramme werden zur strukturierten Analyse und Diskussion eines Problems im Team eingesetzt. Ausgangspunkt ist eine aufgetretene Wirkung (meist Fehler), für die nun mögliche Ursachen gesucht werden.

Vorteilhaft ist die Erstellung des Diagramms mittels einer Pinnwand, auf der zuerst die Wirkung und die fischgrätenähnliche Struktur des Diagramms aufgetragen werden. Nun werden die Ursachengruppen erster Ordnung mittels Karten angeheftet. Bewährt hat es sich, hier auf vier bis sieben Ursachengruppen zurückzugreifen. Hierfür werden die Oberbegriffe Mensch, Maschine, Material, Methode, Messmittel, Management und Milieu („Ms") verwendet. Die Teammitglieder suchen nach den möglichen Einzel- oder Nebenursachen, die vorerst kritiklos übernommen und an die Pinnwand geheftet werden. Diese Phase wird meist durch Kreativitätstechniken wie Brainstorming, Brainwriting etc. unterstützt. In einer anschließenden Diskussion werden die gefundenen möglichen Ursachen diskutiert und von der Gruppe z. B. mit Hilfe von Klebepunkten bewertet. Ergebnis sind einige wenige Ursachenschwerpunkte, die nun genauer untersucht werden.

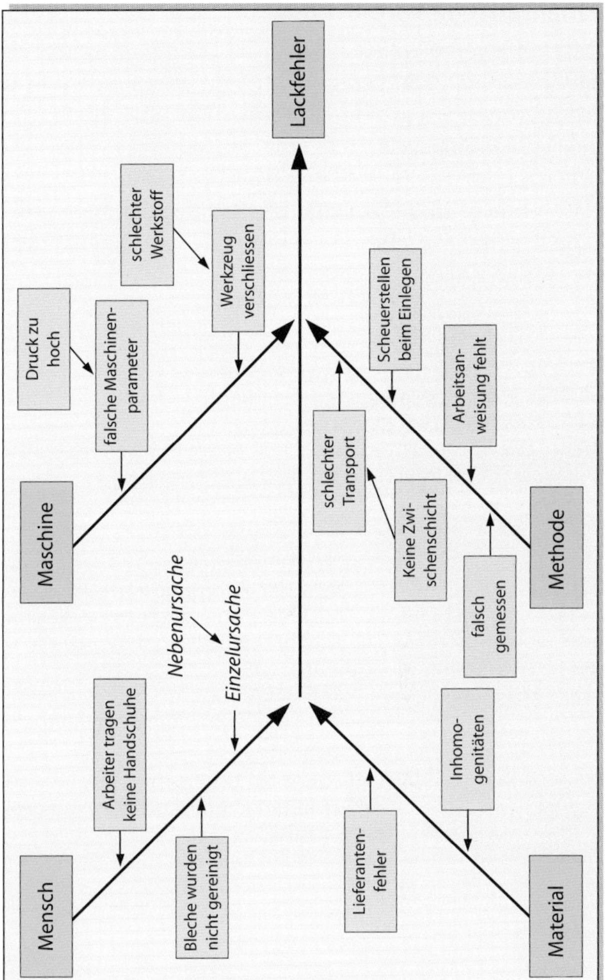

Bild 23: *Ursache-Wirkungs-Diagramm*

Qualitätsregelkarten

Mit Hilfe von Qualitätsregelkarten können Prozesse wirtschaftlich erfasst und geregelt werden. Insbesondere in der Massenfertigung wird durch Entnahme von Stichproben mittels Qualitätsregelkarten eine aufwändige Vollprüfung vermieden. Im Kapitel „Statistische Prozessregelung" wird auf Maschinen- und Prozessfähigkeitsuntersuchungen sowie auf die Regelung von Prozessen mit Hilfe von Qualitätsregelkarten eingegangen.

Mit der Einführung von Qualitätszirkeln werden häufig kurzfristig Wunder erwartet. Wenn sie nicht eintreten, gewinnen die Skeptiker leicht die Oberhand: Das haben wir gleich gesagt.
Wenn die Vorgesetzten sich nicht für die Ergebnisse von Qualitätszirkeln interessieren, wird nichts daraus.

Der nicht immer konsequente Einsatz von Qualitätstechniken seitens der Führungskräfte kann an fachlichen Defiziten liegen, aber auch an bewusster oder unbewusster Vogel-Strauß-Politik. Die „Habe ich nicht gewusst"-Haltung ist bequem.
Qualitätstechniken schaffen Wissen.

Beispiel FMEA: Sie trägt die Unterschrift des Verantwortlichen, der wiederum kennt das Risiko in Form der Risikoprioritätszahl.
Die FMEA ist heute Stand der Technik. Sie muss als Dokument präsent sein, wenn
- der Kunde,
- die Behörde,
- der Staatsanwalt

sie einsehen wollen.

Im Rahmen der Einführung von TQM wird der Beitrag der Qualitätszirkel auf den Effizienzgewinn mit 10% geschätzt.
Besonders zu Buche schlägt die Entlastung von Ingenieurkapazität von Aufgaben des „trouble shooting“ (das machen nun die Q-Zirkel im Betrieb selber) zu Gunsten vorbeugender und strategischer Arbeiten.

7 Prozess analysieren

WORUM GEHT ES?

Nach dem bisherigen Stand der Technik teilt man Fehler, also die Nichterfüllung einer Forderung, analog ihren Ursachen in systematische (engl.: bias type oder systematic error) und zufällige (engl.: accidential oder random error). In der Literatur wurden bisher die Charakteristiken ihres Auftretens als entscheidend dafür angesehen, ob eine Abweichung systematischer oder zufälliger Natur ist. Folgende Kennzeichen treten auf (nach Bremer):

Systematische Abweichungen:

- Große unzulässige Abweichungen, die die Grenzen überschreiten und den Prozess erheblich stören („Unrichtigkeit").
- Bei wiederholten Messungen haben Abweichungen einen bestimmten Betrag und ein bestimmtes Vorzeichen und treiben den Produktionsprozess allmählich oder plötzlich in eine Richtung, eine Gesetzmäßigkeit ist erkennbar, bleibende Veränderungen bzw. definierte Zeitabhängigkeiten sind feststellbar.
- Sie gelten bereits heute schon als vermeidbar und werden durch qualitätssteuernde Maßnahmen beeinflusst und überwacht.
- Ihre Auftretenshäufigkeit ist im Vergleich zu zufälligen Abweichungen gering bzw. in fähigen Prozessen nicht gegeben.
- Sie sind typisch für das jeweilige Fertigungsverfahren.
- Wegen der relativ großen Abweichung wird ihre Beseitigung für lohnend erachtet.

- Nicht beliebig über die Lieferung verteilt, sondern regelmäßiges Auftauchen; fehlerhafte Teile liegen nämlich in Reihenfolge, so lange, bis sie entdeckt werden.

Zufällige Abweichungen:

- Kleine zulässige Abweichungen innerhalb der Grenzen (Streuen der Messergebnisse), ihre Auswirkung („Unsicherheit“) ist gering und messtechnisch kaum erfassbar.
- Bei unter gleichen Bedingungen wiederholten Messungen haben die auftretenden Abweichungen willkürliche Größe und willkürliches Vorzeichen und sind nicht vorhersagbar, da ihre Gesetzmäßigkeit unbekannt ist.
- Sie gelten bisher als unvermeidlich und in ihrer Wirkung durch qualitätssteuernde Maßnahmen als nicht beseitigbar.
- Ihre Auftretenshäufigkeit ist sehr groß, da in allen Fertigungsprozessen gegeben.
- Sie sind unabhängig vom Fertigungsverfahren.
- Wegen der relativ geringen und zulässigen Abweichung gilt ihre Beseitigung bisher als unwirtschaftlich.
- Sie gehorchen im Allgemeinen dem Gauß'schen Verteilungsgesetz und sind in der Nähe des Erwartungswertes in etwa normal verteilt.

Die Auswirkungen zufälliger Fehler nennt man „Unsicherheit“, die der systematischen „Unrichtigkeit“. „Unsicherheit“ und „Unrichtigkeit“ setzen sich zur „Ungenauigkeit“ einer Messung zusammen.

Die Zuweisung einer aufgetretenen Abweichung in die Klasse der systematischen oder in die der zufälligen erfolgt entweder graphisch oder rechnerisch.

Das Werkzeug graphischer Untersuchungen ist die Qualitätsregelkarte, die 1924 von Dr. Walter A. Shewart erarbeitet wurde und das Werkzeug der Statistischen Prozessregelung (SPC) darstellt. Liegen die in eine solche Regelkarte eingetragenen Messwerte innerhalb der Regelgrenzen, so sind die geringen Abweichungen von dem Mittelwert auf zufällige Einflüsse zurückzuführen. Man spricht nach bisherigem Stand der Technik also von „zufälligen" Abweichungen.

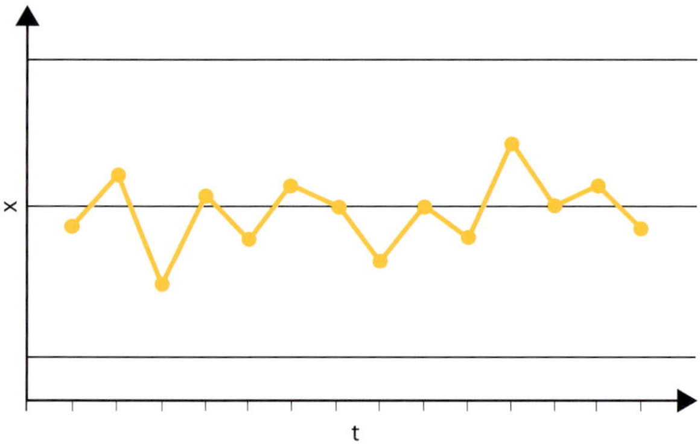

Bild 24: *Fehlerkurve mit deutlich ausgeprägten zufälligen Fehlern*

Beispiele für Ursachen zufälliger Abweichungen nach dem bisherigen Stand der Technik sind:

- Lagerspiel,
- Mess- und Rundungsfehler,
- Netzspannungsschwankungen usw.

Weist die Kurve plötzlich einen großen Sprung auf, der die Grenzen einer Regelkarte überschreitet, so liegt mit größter Sicherheit eine Abweichung vor, die auf systematische Einflüsse zurückzuführen ist. Im Allgemeinen spricht man hier von systematischen Ursachen, z. T. nennt man sie aber auch nachweisbare Ursachen. „Nachweisbar" bedeutet jedoch nicht gleichzeitig auch, dass die Ursachen für die Veränderung bekannt sind.

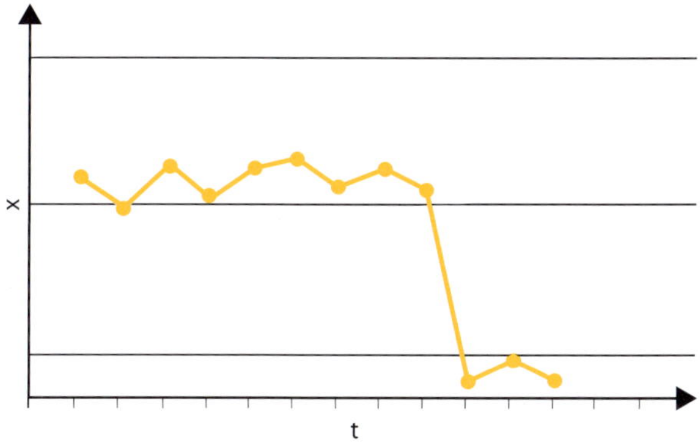

Bild 25: *Fehlerkurve mit deutlich ausgeprägten nachweisbaren Fehlern (sprunghafte Veränderung)*

Beispiele für Ursachen systematischer Einflüsse mit sprunghaft auftretender Abweichung sind:

- Beschädigung an Werkzeug oder Maschine,
- plötzliche Veränderung der Rohstoffe,
- Umstellung der Arbeits- oder Kontrollmethode usw.

Zeigt die Kurve einen stetigen Verlauf in eine Richtung, so spricht man, obwohl noch keine Grenzen überschritten sind, von einem systematischen Fehler.

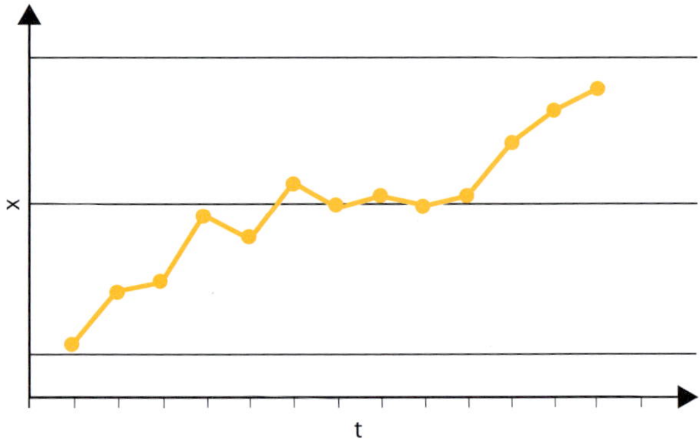

Bild 26: *Fehlerkurve mit deutlich ausgeprägten systematischen Fehlern (schrittweise Änderung)*

Ursachen für systematische Einflüsse mit schrittweise auftretender Abweichung sind:

- Werkzeugverschleiß,
- Temperatur-, Luftdruck- oder Feuchtigkeitsveränderungen,
- Verunreinigung von galvanischen Bädern usw.

Inzwischen gilt in Fachkreisen die Unterscheidung in zufällige und systematische Fehler/Ursachen als umstritten, ja sogar als überholt. Zwar bestreitet man nicht, dass noch immer die Zusammenhänge zwischen den Einflussfaktoren unbekannt sind, jedoch geht man inzwischen von einer gegenseitigen Abhängigkeit aller Faktoren aus, die sich aufgrund ihrer Komplexität mathematisch nicht beschreiben lassen.

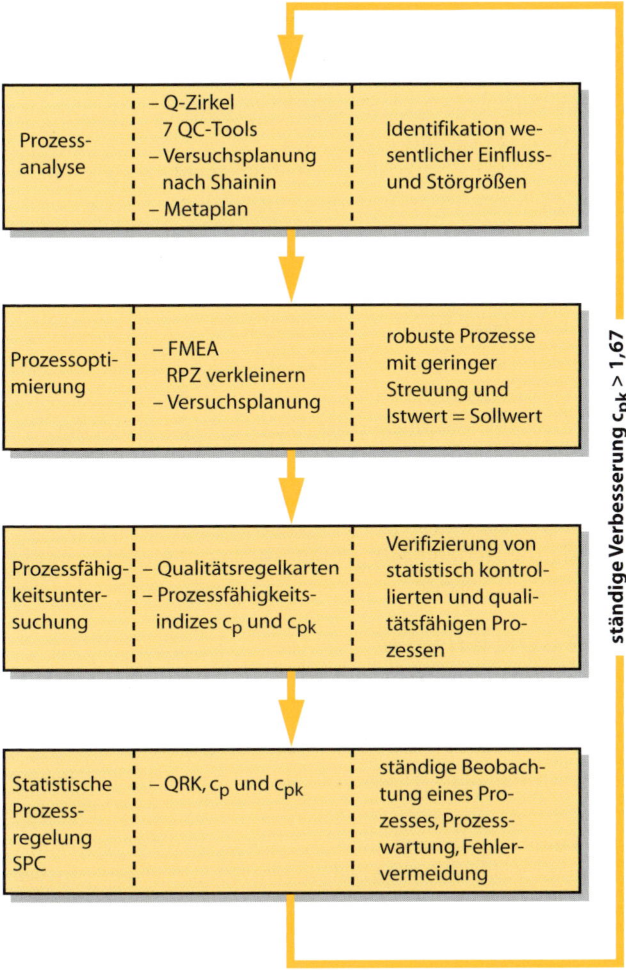

Bild 27: *Struktur der „Ständigen Verbesserung"*

Ob eine Fehlerursache (Einflussfaktor) als systematisch oder zufällig klassifiziert wird, hängt von der Genauigkeit der Analyse ab. Je höher die Kenntnis über das System ist, desto mehr stellen sich bisher für *zufällig* gehaltene Abweichungsursachen als *systematische* heraus.

In der Messtechnik ist ein „Zufall“ nichts anderes als die Unfähigkeit des Menschen, bestimmte physikalische Zusammenhänge von Einflüssen zu erkennen und mathematisch zu beschreiben.

WAS BRINGT ES?

Die Prozessanalyse ist der Beginn des Kreislaufs der ständigen Verbesserung. Sie ist die Grundlage für die Prozessoptimierung mit anschließender Bestätigung mittels der Prozessfähigkeitsuntersuchung. Um das verbesserte Niveau zu halten, bedarf es der Statistischen Prozessregelung. Dieses Niveau ist nun die Ausgangsbasis für die Ursachensuche und -beseitigung weiterer Störgrößen zur Erzielung und zum Erhalt sicherer Prozesse.

WIE GEHE ICH VOR?

Folgendes ergänzt den Werkzeugkasten leicht erlernbarer Qualitätstechniken um eine weitere mächtige Hilfe.

Der Grundgedanke bei der Methode der statistischen Versuchsplanung nach *Shainin* ist die Anwendung des Pareto-Prinzips, das auch als 80/20- bzw. 70/30-Regel bezeichnet wird. Diese Regel besagt, dass im Allgemeinen nur wenige Einflussgrößen das Prozessergebnis entscheidend beeinflussen. Die Haupteinflussgröße wird in der Terminologie Shainins als *rotes x* bezeichnet, die Sekundärgröße als *rosa x* und die Tertiärgröße als *blassrosa x*. Diese Einflussgrößen müssen möglichst rationell identifiziert und entsprechend eingestellt werden, um das Prozessergebnis zu optimieren. Shainins Methode der Versuchsplanung ist eine Zusammenstellung von Instrumenten, mit denen eine anfangs schwer überschaubare Anzahl von Einflussgrößen sukzessive reduziert werden kann, um diese schließlich mit Hilfe eines vollfaktoriellen Versuchs untersuchen zu können. Hat man die Anzahl der Einflussgrößen auf vier oder weniger reduziert, kann dieser ohne großen Aufwand durchgeführt werden und liefert die gewünschte Aussage über die optimale Einstellung der Steuergrößen des Prozesses.

Zunächst muss das zu optimierende Qualitätsmerkmal bestimmt werden. Um die Ausprägung des Qualitätsmerkmals zu messen, wird ein geeignetes Verfahren ausgewählt. Mit Hilfe der sog. *Hinweisgeneratoren* werden die Haupteinflussgrößen für das gewählte Qualitätsmerkmal identifiziert. Ziel ist es, die Anzahl der potentiell relevanten Einflussgrößen zunächst auf weniger als 20 zu reduzieren, um diese dann genauer zu untersuchen. Die von Shainin dazu vorgeschlagenen Instrumente sind *Paarweiser Vergleich, Komponententausch* und *Multi-Variations-Karte.*

Paarweiser Vergleich

Die Methode des Paarweisen Vergleichs ist ein einfaches Verfahren zur Ermittlung der wichtigsten Einflussgrößen. Insbesondere kann diese Methode angewandt werden, wenn das Produkt nicht ohne weiteres zerlegbar ist. Mehrere Paare von guten und schlechten Einheiten werden miteinander verglichen und die wesentlichen Unterschiede zwischen beiden bestimmt. Häufig ist bereits nach dem Vergleich weniger Paare erkennbar, was eine schlechte Einheit von einer guten unterscheidet. Die Häufung von Unterschieden lässt Rück-

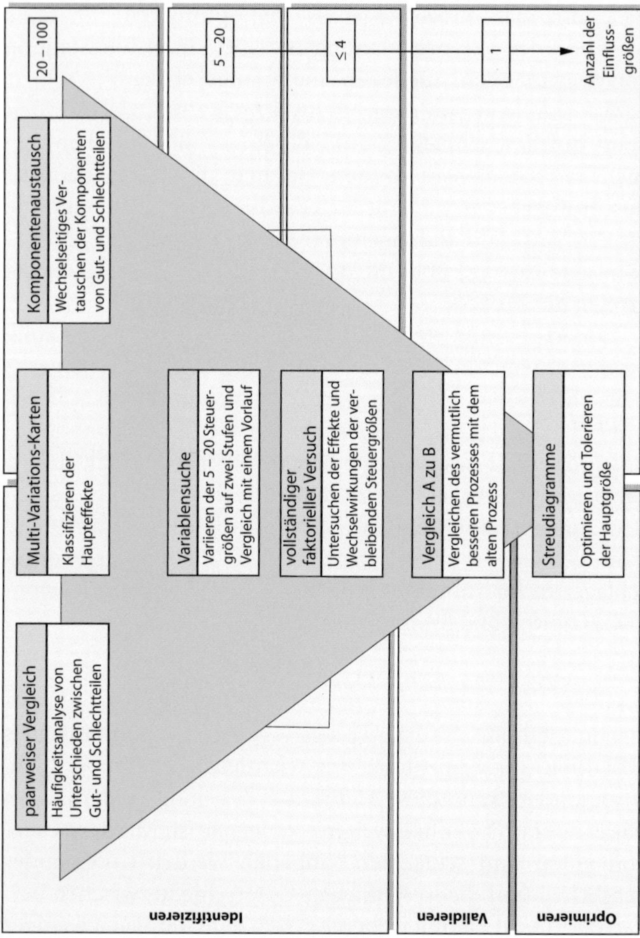

Bild 28: *Vorgehensweise nach Shainin*

schlüsse auf die entscheidenden Merkmale zu. Man sollte mindestens fünf, besser acht Paare vergleichen, um ein ausreichendes Signifikanzniveau zu erreichen. Der besondere Vorteil der Methode liegt in dem Vergleich von realen Produkten gegeneinander anstelle der Prüfung gegen ein theoretisches Ideal.

Komponententausch

Falls es sich bei der Untersuchung um ein Produkt handelt, das aus mehreren Komponenten besteht, z.B. ein Motor oder ein Getriebe, und dieses zerstörungsfrei zerlegt und wieder zusammengesetzt werden kann, so kann man mit Hilfe der Methode des Komponententauschs diejenigen Komponenten oder Baugruppen mit dem größten Einfluss auf das Qualitätsmerkmal bestimmen.

Je eine gute und eine schlechte Einheit werden untersucht. Zunächst werden beide Einheiten komplett demontiert und wieder zusammengesetzt, um den Einfluss der Montagetätigkeiten zu erfassen. Die Ausprägung des Qualitätsmerkmals wird vorher und nachher gemessen. Der Zustand vor und nach der Montage sollte sich nicht wesentlich unterscheiden, anderenfalls ist wahrscheinlich die Montagetätigkeit das rote x, und man müsste sich zuerst um eine Verbesserung des Zusammenbauverfahrens kümmern.

Nacheinander wird jeweils eine Komponente der guten Einheit mit der entsprechenden Baugruppe der schlechten Einheit ausgetauscht und der Zustand beider Einheiten bezüglich des Qualitätsmerkmals beurteilt. Die Ergebnisse werden in einem Diagramm festgehalten.

Bleibt die Ausprägung des Qualitätsmerkmals bei beiden Einheiten trotz Austausch der Komponenten im Wesentlichen unverändert, so ist diese Baugruppe scheinbar bedeutungslos. Kommt es zur teilweisen Umkehr der Ergebnisse, kann eine Wechselwirkung vorliegen oder die Komponente ist weniger wichtig (rosa x). Kommt es zur unvollständigen Umkehr der Ergebnisse, so ist die entscheidende Komponente (rotes x) gefunden.

Multi-Variations-Karte

Die Prozessstreuung lässt sich recht anschaulich mit Hilfe von Multi-Variations-Karten darstellen, die der Qualitätsregelkarte ähneln. Zur Erstellung dieser Diagramme entnimmt man dem Prozess in regelmäßigen Abständen Stichproben. Für das zu untersuchende Qualitätsmerkmal werden Messwerte aufgenommen, evtl. auch an mehreren Stellen eines Teils, die in die Multi-Variations-Karte eingetragen werden. Die Abszisse bildet die Zeitachse, auf der Ordinate wird die Ausprägung des Qualitätsmerkmals abgetragen. Aus dieser Darstellung kann man Rückschlüsse auf die wesentlichen für eine nähere Untersuchung in Frage kommenden Einflussgrößen ziehen.

Die *positionelle Variation* zeigt die Streuung der Messwerte an einem Teil, z. B. verschiedene Durchmesser einer Welle an zwei Stellen. Die *zyklische Variation* gibt die Streuung der Werte innerhalb einer Stichprobe an. Die Veränderung der Messwerte in größeren Zeitabständen zeigt die *zeitliche Variation* zwischen aufeinander folgenden Stichproben. Die Interpretation der Multi-Variations-Karte sollte in der Gruppe erfolgen. In der Regel kann man ein Hauptabweichungsmuster erkennen, das Hinweise auf mögliche Einflussgrößen gibt. In der Praxis hat sich oft bereits nach diesem Schritt die Lösung des Problems ergeben.

Nachdem mit Hilfe der Hinweisgeneratoren die Anzahl der potentiell wichtigen Einflussgrößen schon erheblich reduziert worden ist, kann sie mit Hilfe der *Variablensuche* weiter eingegrenzt werden.

Variablensuche

Auch bei der Variablensuche wird die unterschiedlich starke Wirkung der verbliebenen fünf bis 20 Einflussgrößen durch den Vergleich von Paaren von Einheiten beurteilt. Dazu müssen zunächst in einem Team von Spezialisten die Einflussgrößen nach ihrer Wichtigkeit geordnet werden und je eine vermeintlich gute und eine schlechte Wertstufe für jeden Parameter festgelegt werden. Zunächst werden in einer Vorlaufphase alle Einflussgrößen auf die gute und auf die schlechte Wertstufe gesetzt. Die Prozessergebnisse werden verglichen. Der Unterschied zwischen den gefertigten Einheiten muss signifikant und wiederholbar sein, um den nächsten Schritt durchführen zu können.

Die zweite Phase des Variablenvergleichs entspricht weitgehend dem zuvor beschriebenen Komponententausch. Es wird in der vermuteten Reihenfolge der Wichtigkeit jeweils ein Versuch mit einer Einflussgröße auf der guten und allen anderen auf der schlechten Wertstufe durchgeführt. Anschließend erfolgt der Versuch mit der entgegengesetzten Einstellung. Erreicht man bei einem Paar von Versuchen die partielle, besser noch die komplette Umkehrung der Ergebnisse von gut nach schlecht, so ist eine wichtige (rosa x) oder sogar die wichtigste Einflussgröße (rotes x) gefunden.

Ein besonderer Vorteil der Methode liegt darin, dass man sofort nach Auffinden der wichtigsten Einflussgröße den Versuch beenden kann, sofern man zu Beginn die Reihenfolge der Wichtigkeit der Parameter richtig gewählt hat und nur eine wichtige Einflussgröße vorhanden ist.

Vollständiger faktorieller Versuch

Hat man mit Hilfe der vorstehend beschriebenen Verfahren die Anzahl der Einflussgrößen auf höchstens vier reduziert, wird ein *vollständiger faktorieller Versuch* durchgeführt. Dazu werden alle Kombinationen von guten und schlechten Wertstufen für alle Einflussgrößen getestet, es werden also maximal 16 Versuche durchgeführt. Auf diese Weise kann die optimale Kombination der Einstellungen der als entscheidend identifizierten Prozessparameter gefunden werden.

A-zu-B-Analyse

Die vermeintlich optimale Einstellung der entscheidenden Prozessparameter muss nun noch bestätigt werden. Dies geschieht mit Hilfe der *A-zu-B-Analyse* (alt gegen besser). Dem alten und dem besseren Prozess werden Stichproben entnommen, um aus deren Verteilung auf die Verteilung der Grundgesamtheiten, also der beiden Prozesse zu schließen. Der Umfang der Stichproben ist abhängig von der gewünschten Aussagesicherheit und der Streubreite der Prozesse. Bei einem normal verteilten Prozess werden für eine Aussagesicherheit von 95 % je drei Teile aus dem alten und dem besseren Prozess benötigt. Nun wird eine Rangfolge bezüglich der Ausprägungen des Qualitätsmerkmals aufgestellt. Sind die Ergebnisse der Teile aus dem optimierten Prozess tatsächlich alle besser als die Resultate aus dem alten Prozess, so kann man davon ausgehen, dass der neue Prozess tatsächlich der bessere ist.

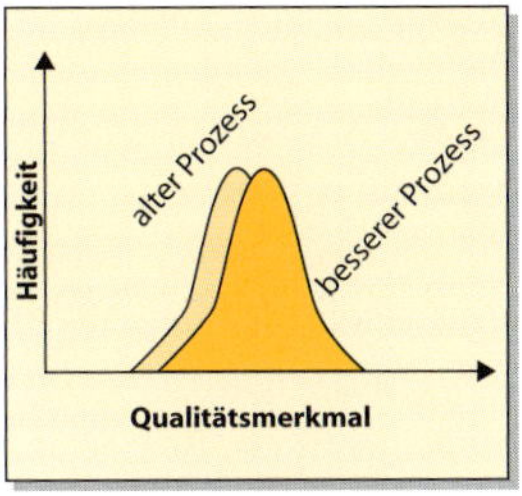

keine Veränderung
(relevante Einflussgröße
nicht gefunden)

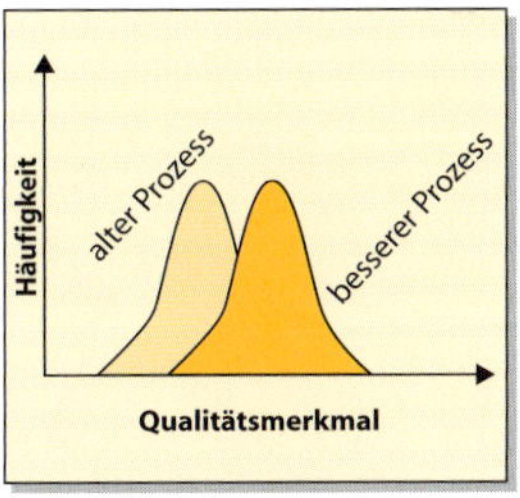

leichte Verbesserung
(rosa X gefunden)

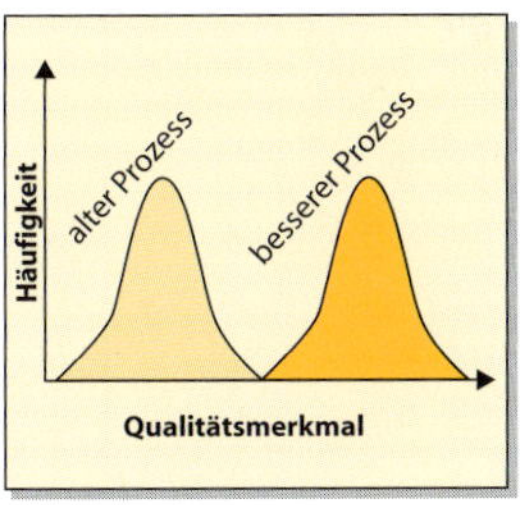

deutliche Verbesserung
(rotes X gefunden)

Bild 29: *A-zu-B-Analyse*

Streudiagramm

Schließlich kann zur weiteren Optimierung der Ergebnisse mit *Streudiagrammen* gearbeitet werden. Ein Streudiagramm zeigt als einfache Form der linearen Regression den Zusammenhang zwischen Einflussgröße und Qualitätsmerkmal. Für je 30 Wertstufen der Haupteinflussgröße werden die entsprechenden Ausprägungen des Qualitätsmerkmals bestimmt. Die Wertpaare lassen sich als Punktwolke darstellen.

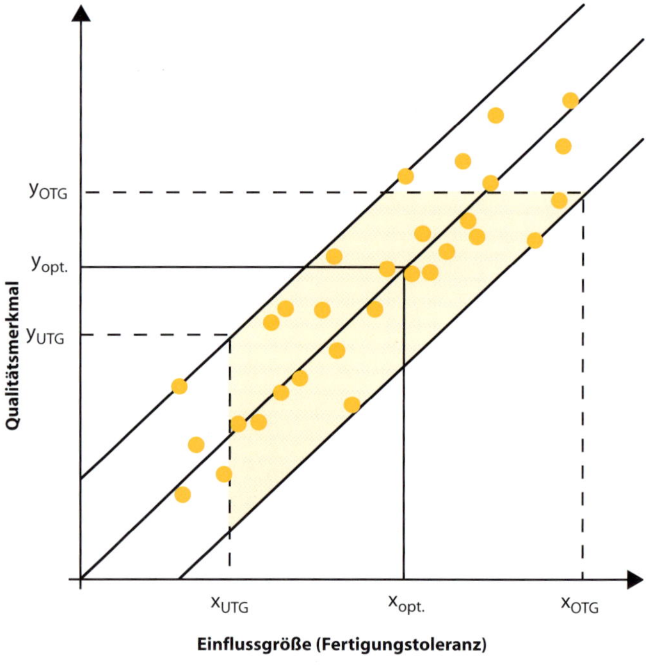

Bild 30: *Streudiagramm*

Mit Hilfe der Mediantechnik werden die Regressionsgerade sowie zwei Parallelen dazu ermittelt, die alle Wertpaare einschließen. Gibt man auf der Ordinate die Kundenforderung und eine realistische Toleranz vor, kann man auf der Abszisse graphisch die richtige Einstellung und die zulässige Abweichung für die Einflussgröße bestimmen. Auf diese Weise wird der Prozess hinsichtlich der Erfüllung der Kundenanforderungen optimiert.

DOKUMENTATION DER PROZESSFÄHIGKEIT (AUDITS)

Audits sind moderne Informationssysteme, mit denen man zu einem bewerteten Bild darüber kommt, wie weit Qualitätsziele beim Produkt, bei einzelnen Verfahren oder auch bezüglich des gesamten Qualitätssicherungssystems erreicht werden.

Voraussetzung für die praktische Anwendung von Audits ist eine eindeutige Festlegung der Qualitätsziele, d.h. der Anforderungen. Es bringt jedoch wenig, Audits ausschließlich nach intern wichtigen Qualitätsanforderungen zu gestalten. Dabei werden nämlich vorrangig Kriterien der Weiterverarbeitbarkeit und der Fehlerkostenminimierung, d.h. Termin und Kostenprioritäten, berücksichtigt.

Im Sinne marktgerechter Qualitätspolitik des Unternehmens ist das Audit jedoch vorrangig aus der Sicht des Kunden bzw. des Abnehmers durchzuführen. Nur so kann auch abgeprüft werden, ob überhaupt im Betrieb selbst ausreichend marktorientierte Spezifikationen Anwendung finden.

Aber auch dann, wenn Abnehmer Audits vornehmen, wird man sich zweckmäßigerweise vorher mit eigenen Audits selbst überzeugen, wo man steht und welche Maßnahmen nötig und möglich sind. Dann wird ein Behörden- oder Kundenaudit keine großen Überraschungen bringen, und dem Abnehmer gegenüber können kompetente, vertrauensbildende Antworten und Erläuterungen gegeben werden. Denn mit dem Auditergebnis möchte auch der Abnehmer dokumentiert sehen, dass er auf die selbstverantwortliche Qualitätserbringung des Produzenten vertrauen darf.

Systemaudits erlauben eine umfassende Beurteilung eines Unternehmens/einer Unternehmenseinheit und sind besonders sinnvoll vor Aufnahme der Geschäftsverbindung mit einem potenziellen Lieferanten. Sie eignen sich auch zur fortlaufenden Beobachtung eines Unternehmens, inwieweit es sich dem jeweiligen „Stand der Technik" entsprechend weiterentwickelt.

Während im sog. Systemaudit die gesamte Auftragsabwicklung und Organisation bezüglich Qualitätsfähigkeit und tatsächlicher Qualitätssicherung beurteilt werden, betrifft das **Verfahrensaudit** nur einzelne Abschnitte daraus und kann deshalb auch individueller und häufiger durchgeführt werden.

Verfahrensaudits (Prozessaudits) untersuchen Verfahren (Prozesse) zur Ermittlung von Schwachstellen, die sich nachhaltig negativ auf die Produktqualität auswirken.

Zielsetzung muss sein, genügend flächendeckend vorzugehen, um ein repräsentatives Bild bezüglich des Risikos von Abweichungen zu bekommen und die Chance zu wahren, so rechtzeitig einzugreifen, dass keine irreparablen Konsequenzen auftreten.

Bei den erforderlichen Maßnahmen sollte prinzipiell der nachhaltigen Abstellung von Fehlerursachen der Vorrang eingeräumt werden. Keinesfalls dienen Audits dazu, den zuständigen Abwicklungsbereich aus seiner Qualitätsselbstverantwortung zu entlassen; d.h., die unmittelbar notwendigen

Korrekturmaßnahmen hat der betroffene Bereich selbst zu veranlassen, auch wenn der Hinweis vom Audit gekommen sein sollte.

Um den für die Aktivierung einer ausreichenden Motivation notwendigen kompetitiven Anreiz zu schaffen, hat sich eine Bewertung entsprechend einem Schulnotensystem bewährt, wobei die notwendige Plausibilität durch Herausstellen eines jeweils akuten Schwerpunktes gewährleistet werden kann. Das hat zudem den Vorteil, dass alle Kräfte gebündelt zur nachhaltigen Abstellung des aufgezeigten Problempunktes mobilisiert werden und Anstöße in Richtung Risikoreduzierung möglich sind.

Das **Produktaudit** schließlich bewertet die Qualität des Produktes aus der Sicht des Auftraggebers, Kunden, Anwenders. Der springende Punkt dieser Auditsysteme besteht in der ausgewogenen richtigen Gewichtung der Erfüllung von Qualitätsforderungen bei sehr unterschiedlichen Merkmalsgruppen.

Um die Identifikation der Mitarbeiter mit der Qualität ihrer Produkte zu unterstützen, werden in Großkonzernen sogar Wettbewerbe um die besten Auditnoten zwischen den einzelnen Produkten und Produktionsstandorten ausgetragen. Das funktioniert natürlich nur, wenn die monatlich im Konzern erreichten Auditnoten (intern) offen gelegt werden und die erreichten Rangordnungsplätze im Betrieb ausgehängt werden.

Nur durch derartige Rückinformationen über den relativen Stand im Qualitätskampf um Marktanteile kann erreicht werden, dass um Qualitätsverbesserungen auch weiterhin gekämpft wird und man sich nicht mit dem Erreichten zufrieden gibt.

Ziele

Die Audit-Untersuchungen dienen **hauptsächlich**

- der Feststellung der **Übereinstimmung** des Istzustandes mit den vordefinierten Richtlinien und Maßnahmen (Bezugsbasis);
- der Feststellung der **Angemessenheit** dieser Richtlinien bzw. Vorschriften und Maßnahmen im Hinblick auf das angestrebte Ziel: Qualitätssicherung und -förderung.

Auswirkung

Diese Untersuchung mit Berichterstattung über die Schwachstellen und Abweichungen ist ein sehr zugkräftiges Mittel, um besonders:

- die Beteiligten auf die Qualitätsanforderungen der Kunden aufmerksam zu machen,
- die Produktionsqualität ständig zu fördern und zu optimieren,
- die tatsächlich realisierten Fortschritte in Bezug auf die Qualitätsdynamik zu messen.

Audits, auch Folgeaudits, besonders auch Auditergebnisse konkurrierender Fertigungsstätten spornen an und haben eine erzieherische Wirkung.

Audits stellen somit eine geeignete Führungsfunktion dar.

Veranlassung

Auditoren werden eingesetzt:

- werksintern
  - auf Veranlassung der Werksleitung,

- auf Veranlassung der Qualitätssicherung

zur internen Beobachtung der Qualitätsentwicklung;

- ▶ auf Konzernebene
  - auf Veranlassung der Konzernleitung,
  - auf Veranlassung der Zentralen Qualitätssicherung

  zum Vergleich der Leistungsfähigkeit der Unternehmenseinheiten und Abgleich des Maßstabs der Werksauditoren;
- ▶ auf Verlangen des (Groß-)Kunden und durch diesen durchgeführt

  zur Beurteilung der Qualitätsfähigkeit als Lieferant für den spezifischen Abnehmer;
- ▶ aufgrund gesetzlicher Vorschriften

  im Interesse von Ländern bzw. der Gesellschaft. Durchführende Organe sind Behörden oder Beauftragte neutraler Gesellschaften.

Werden Mitarbeiter durch Standards eingeengt, werden sie ihre geringen Freiräume verteidigen und nicht zur Prozessverbesserung = Rationalisierung freigeben.
Beispiel: Ist die Erledigung von Nacharbeit eine höher bezahlte Tätigkeit, so muss man mehr Nacharbeit verursachen, um selber einmal Nacharbeiter werden zu können.

Für die Durchführung interner Prozessaudits und Anerkennung der kritischen Ergebnisse bedarf es souveräner Prozessbesitzer: besser aus der geschaffenen Transparenz lernen als die Hand vorhalten und Schwachstellen vertuschen.

Mitarbeiter „vor Ort“ sind die besten Kenner der Prozessstärken und -schwächen. Wenn sie unternehmerisch handeln sollen, muss ihre Weiterbeschäftigung garantiert werden. Sofern die Prozessoptimierung die Freisetzung von Mitarbeitern erlaubt, sollte die Umsetzung in höher bezahlte Tätigkeiten erfolgen (Anreize schaffen, nicht Angst schüren). Das spricht sich herum und spornt zur Eigenleistung an.

Vorhandene Kräfte nach Schwerpunkten einsetzen: „Vital few – trivial many“ (Juran) heißt, dass es wenige lebenswichtige Probleme gibt, denen die volle Aufmerksamkeit gelten muss. Nicht die kostbare Zeit mit Unwesentlichem verbringen.

Literatur

Bothe, K. R.: Qualität – Der Weg zur Weltspitze, 1990; IQM Grossbottwar

Bothe, K. R.: World Class Quality. AMA Management Publication Division, American Management Association, New York, N. Y. 1988

Deming, W. E.: Out of the Crisis, Massachusetts Institute of Technology (MIT), MIT Press, Cambridge, MA 1986

DGQ (Hrsg.): SPC 1 – Statistische Prozesslenkung, DGQ-Schrift Nr. 16–31, Frankfurt 1990

DGQ (Hrsg.): SPC 2 – Qualitätsregelkartentechnik, DGQ-Schrift Nr. 16–32, Frankfurt 1995

DGQ (Hrsg.): SPC 3 – Anleitung zur statistischen Prozesslenkung, DGQ-Schrift Nr. 16–33, Frankfurt 1990

Prefi, Th.: Qualitätsorientierte Untersuchungsführung, Habilitationsschrift, RWTH Aachen 2001

Quentin, H.: Versuchsmethoden im Qualitäts-Engineering, Vieweg-Verlag 1994; Braunschweig

Scherkenbach, W. W.: The Deming Route to Quality and Productivity, Ceep Press Books 1987; Washington

Scheermesser, S. A.: Messen und Bewerten von Geschäftsprozessen als operative Aufgabe des Qualitätsmanagements, FQS/DGQ-Band 86–02, 2002. ISBN 3-410-32959-5

Shewart, W. A.: Economic Control of the Manufactured Product, van Nostrand, New York, N. Y. 1931

VDA (Hrsg.): Qualitätskontrolle in der Automobilindustrie – Sicherung der Qualität vor Serieneinsatz, Frankfurt

VDA (Hrsg.): Produktaudit bei Automobilherstellern und Zulieferanten, Frankfurt